管好情绪，你就管好了整个世界

庞丽娟／著

中国华侨出版社
·北京·

# 前言
PREFACE

　　心态决定命运，情绪左右人生。情绪源于心理，正面情绪使人身心健康，努力上进，能给我们的人生带来积极的动力；负面情绪不仅给人的体验是消极的，身体也会有不适感，进而影响工作和生活。情绪问题如果不予理会、不妥善处理就会越积越多，最后把你的一切都搅得面目全非。事实上，喜、怒、忧、思、悲、恐、惊等情绪表现，恰恰是成功与失败的关键，这些情绪的组合有着非凡的意义，掌控得当可助你成功，掌控不当就会导致失败，而成功与失败完全由你自己决定。

　　我们每天都在经历各种各样的事情，以及这些事情给我们带来的诸多感受：时而冷静，时而冲动；时而精神焕发，时而萎靡不振。有时可以理智地去思考，有时又会失去控制地暴跳如雷；有时觉得生活充满甜蜜和幸福，而有时又感觉生活乏味和沉闷。这就是情绪在作怪，它存在于每个人的心中，而且在不同的时期、不同的场合产生奇妙的效果。

　　你是否也有过这样的体会：心情好的时候，看什么东西都顺眼；而心情不好的时候，再美丽的风景也视若无睹。情绪的影响力可见一斑，而成功和快乐总是属于善于控制自己情绪的人。善于控制自己情绪的人，能在绝望的时候看到希望，能在黑暗的时候看到光明，所以他们心中永远燃烧着激情和乐观的火焰，永远拥有积极向上、不断奋斗的动力；而失败者并不是真的像他们所抱怨的那样缺少机会，或者是资历浅薄，甚至是上天不公。

　　善于调整心态、控制情绪，才能走向成功，才能拥有快乐的人生！让生活失去笑声的不是挫折，而是内心的困惑；让脸上失去笑容的不是磨难，而是紧闭的心灵。没有谁的心情永远是轻松愉快的，战胜自我，控制情绪，就要从"心"开始。我们无法改变天气，却可以改变心情；我们无法控制别人，但可以掌控自己。

　　如何疏导和激发情绪，如何利用情绪的自我调节来改善与他人的关系，是我们人生的必修课。本书是讲解情绪掌控原理、方法和现实运用的心灵读本，全面、深入、系统地讲解怎样杜绝不良情绪，怎样激发正面情绪，最终达到掌控情绪的目的，为正处于负面心态和情绪中的人提供一个走出困境的途径，帮助他们重新回到积极、乐观的生活中。

# 目录

CONTENTS

## 第一章　不要被情绪左右，而要让它为己所用

### 第一节　情绪不失控，人生才能不失控

人人都有情绪周期 / 2

情绪是一个警示信号 / 6

情绪的"蝴蝶效应" / 8

情商与情绪管理 / 10

### 第二节　借助情绪力量，打造成功人生

认识情绪的巨大作用 / 14

情绪可以改变命运 / 18

1% 的坏心情导致 100% 的失败 / 20

### 第三节　你的情绪，决定着你的健康

心理疾病时代的危机 / 24

偏头疼的罪魁祸首 / 27

不良情绪导致内分泌失衡 / 29

赶走失眠，还你一个美梦 / 31

## 第二章　情绪控制：优秀的人从不输给情绪

### 第一节　情绪调节：别让坏情绪绑架你

走出情绪的死角 / 36
"装"出来好心情 / 38
你为什么常常感到烦恼 / 40
学会克制自己的情绪 / 43

### 第二节　情绪释放：给负面情绪找个出口

丢掉坏情绪，做到浑然忘我 / 46
为情绪找一个出口 / 48
不要刻意压制情绪 / 51

### 第三节　情绪选择：让积极情绪成为性格的一部分

任何时候都要看到希望 / 55

变被动为主动 / 58

幽默,情绪中的"开心果" / 60

热情帮你战胜一切 / 62

## 第三章 击溃负面情绪,别让情绪失控毁了你

### 第一节 控制愤怒:不生气也是种本事

爆发的愤怒是一座火山 / 68

平和心灵助你平息愤怒情绪 / 71

愤怒,是安宁生活的阴影 / 74

不要被怒火冲昏头脑 / 76

### 第二节 清除焦虑:你担心的事九成都不会发生

学会给自己减压 / 79

把焦虑情绪打包寄出去 / 82

警惕社交焦虑症 / 85

消除迷惘,让情绪放松 / 88

第三节　提防抑郁：别让悲观和抑郁在心里"塞车"

抑郁不是天生的 / 91

抑郁，是心灵的枷锁 / 94

忧郁情绪会给你制造假象 / 96

了解抑郁症状，找对方法消除抑郁 / 98

第四节　停止抱怨：改变不了世界，就改变自己

远离抱怨，路会越走越宽 / 102

命运厚爱那些不抱怨的人 / 105

别让抱怨成为习惯 / 108

## 第四章　培养积极情绪，释放生命正能量

第一节　永怀希望：唤醒人生正能量

事情没有你想象的那么糟 / 112

任何时候都不要放弃希望 / 114

别让精神先于身躯垮下 / 116

## 第二节 常怀感恩：有一种幸福叫感恩

感谢你所拥有的，这山更比那山高 / 119

感谢磨难，它们让你更加坚强 / 121

感谢对手，是他们激发了你的潜能 / 123

## 第三节 增强自信：学会为自己热烈鼓掌

多做自己擅长的事 / 126

像英雄一样昂首挺胸 / 128

独立自主的人最可爱 / 130

善于发现自己的优点 / 133

打造一颗超越自己的心 / 136

## 第四节 享受平静：改变从心开始

"接受"才会平静 / 139

建一道宠辱不惊的防线 / 140

人生要懂得享受孤独 / 143

不怕失去，得到不忘形 / 145

## 第五章 做情绪的主人,成就强大的自己

### 第一节 提升情商,在沟通中彰显情绪的作用

"逆境情商"帮你克服挫折情绪 / 150

克服社交情绪恐惧症 / 152

理解他人的情绪 / 154

### 第二节 掌握情绪转换的技巧

调换一下位置,效果大不同 / 159

对坏情绪要宽容 / 162

跳出"小我"的世界 / 165

克服职场压力,化解不良情绪 / 167

### 第三节 情绪规划人生,点亮梦想之灯

给情绪做加减乘除 / 173

情绪懈怠,用压力刺激 / 176

控制好情绪,才能赚足人气 / 178

Chapter 1

## 第一章
## 不要被情绪左右，
## 而要让它为己所用

## 第一节　情绪不失控，人生才能不失控

### 人人都有情绪周期

我们的情绪好比月有阴晴圆缺，也会有高低起伏的周期，这叫作情绪周期。情绪周期又称"情绪生物节律"，是指一个人的情绪高潮和低潮的交替过程所经历的时间。情绪周期反映的是人体内部的周期性张弛规律。

科学研究表明，人的情绪周期从出生的那一天就开始循环，周而复始。一个情绪周期一般为28天，也不排除有的人的周期较长或较短。前一半时间为"高潮期"，后一半时间为"低潮期"。在高潮与低潮过渡的2~3天是"临界期"，这一阶段的特点是情绪不稳定，机体各方面的协调性能差，容易发生不好的事情。

人的情绪的周期性变化，如同一年里有春夏秋冬的四季变化一样。如果处于情绪周期的高潮期，就会对人和蔼可亲，感情丰富，做事认真，容易接受别人的规劝，表现出强烈的生命活力，自己本身也感觉很轻松；倘若处于情绪周期的低潮期，则喜怒无常，常感到孤独与寂寞，容易急躁和发脾气，易产生反抗情绪。

少泽有一个温柔内向的女朋友小佳，他对小佳各方面都很满意，唯独有一点让他不能理解，那就是小佳有时会莫名其妙地发脾气。事后小佳总是说自己当时就是控制不住情绪，总有一股无名之火在胸中燃烧。后来，少泽经过一位学习心理学方面的朋友讲解之后，才明白原来小佳是受到了情绪周期的影响，只不过她的症状更明显而已。

小佳就是受情绪周期影响的典型例子，每个人的情况或轻或重，而小佳刚好是比较重的那一种，但这都是正常的，我们应该科学正确地看待，而不能视此为心理疾患。

具体来说，虽然女人和男人都有情绪周期，但是女人的情绪周期表现得要比男人更强烈，下面就详细解读一下：

### 1. 情绪周期中的女人

一般来说，女人的情绪周期在行经前的一个星期左右及行经期间，会出现种种与经期有关的症状，例如腹胀、便秘、肌肉关节痛、容易疲倦、长粉刺暗疮、胸部胀痛、头痛、体重增加等种种身体不适；有些人还会食欲增加、显得沮丧、神经质及容易发脾气等。这是由于女性体内的荷尔蒙变化所导致的，雌激素、肾上腺素等荷尔蒙出现了变化，马上会引起生理上的变化。心理情绪随着生理变化也会呈现一系列表征。

情绪周期不可避免，但我们可以通过记录，在周期到来之际控制自己忧郁、焦躁不安、想发脾气的心理，来避免不良情绪对身心的影响。

2. 情绪周期中的男人

人的生长、发育、体力、智能、心跳、呼吸、消化、泌尿、睡眠乃至人的情绪全部受体内生物节律的控制。男人的情绪周期也是一种正常的生物节律变化，受男性机体激素水平变化的影响。只不过，有的男人情绪周期表现明显，有的表现不明显。

男人的情绪周期受工作和工作环境的影响很大。轻松的工作和有规律的生活会使其情绪放松，男人的表现则会积极乐观；长时间的紧张工作和不规律的生活容易导致情绪周期失调，心情烦闷、急躁，情绪处于压抑的状态。

科学研究表明，情绪节律周期影响着男人的创造力和对事物的敏感性、理解力以及情感、精神、心理方面的机能。在"情绪高潮"期，男人往往表现得精神焕发、谈笑风生；在"情绪低潮"期，他又变得情绪低落、心情烦闷、脾气暴躁。

男人的情绪周期体现在情感表现上，可以用"橡皮筋"来形容：亲密—疏远—亲密。通常在最初的时候，男人对你完全信任，充满爱意，两人天天待在一起。不久之后，男人会心不在焉，开始疏远你，乃至不愿与你说话。经过一段时间的独处和反省之后，他会再次情意绵绵。理解男性情绪周期的表现，两个人的相处会更加融洽。

在我们明白了情绪周期的客观存在之后，我们就要更好地利用情绪周期，首先，我们要如实记录下自己的情绪变化，这样才能描绘出自己的基本情绪周期,在这里有一种简单的表格测评方法,可以有效地帮助大家。

| 心情＼日期 | 1日 | 2日 | 3日 | …… |
|---|---|---|---|---|
| 兴高采烈＋3 | | | | |
| 愉悦快乐＋2 | | | | |
| 感觉不错＋1 | | | | |
| 平平常常　0 | | | | |
| 感觉欠佳－1 | | | | |
| 伤心难过－2 | | | | |
| 焦虑沮丧－3 | | | | |

通过每天晚上对当天情绪的回想,在与日期相符合的表格里打上记号,一个月之后,把记号连起来,就可以发现情绪规律的模式,经过几个月的概括,我们便可以知道自己情绪的高潮期和低潮期。

掌握了自己的情绪周期,可以将其运用到日常生活中。根据情绪周期的"晴雨表",我们可以安排好自己的生活和工作。遇上低潮和临界期,我们可以运用意志加强自我控制,可以把自己的情绪周期告诉最亲密的人。一方面,让他提醒你,帮助你克服不良情绪;另一方面,避免不良情绪给自己的交往带来不便。在工作和生活中,人在情绪低落的时候容易畏惧不安,而在情绪高涨的时候乐意迎接挑战。我们则可以在情绪良好的时候安排难度大、烦琐、棘手的任务,在情绪处于低潮期的时候做简单的工作,放松思想,多参加群体活动,学会倾诉,寻求心理支持,切记不要强迫自己违背情绪周期的规律。

## 情绪是一个警示信号

　　情绪有好有坏,坏的情绪很明显,好的情绪却容易被人忽略。然而,无论情绪是好是坏,我们都应该认识到,虽然情绪作为一种本能的反应,但是我们都应当意识到情绪对自身的警醒作用和管理情绪的重要性。

　　1. 情绪提醒我们自身观念的问题

　　人和人之间情绪的不同,主要源于彼此观念的不同。如果我们的观念出现了问题,那么情绪也会随之出现问题。例如有些人存在浓重的个人私利观念,一旦别人侵犯到他们的利益,他们就会立刻产生愤怒情绪;还有一些人对自我认识不足,他们容易产生自满情绪或自卑情绪。

　　所以想要拥有良好且适度的情绪,我们必须调整自己的观念,使它达到一个正常的标准。

　　2. 情绪提醒我们心理的问题

　　一些不良情绪向我们反映了自身心理可能出现了偏差,甚至出现了心理问题。例如郁闷情绪容易和抑郁挂上钩,如果只是短时间的郁闷,那只是一个正常的情绪反应;但如果一个人长期处于郁闷情绪中难以自拔,或许就是抑郁心理在作祟了。

　　我们需要区分哪些情绪是短暂的、符合正常值的,哪些情绪是长期的、超出正常值的。这样我们才能及早排除自己心理存在的问题，让情绪及早回归理性。

### 3.情绪提醒我们行为习惯的问题

情绪作为一种反应，还向我们昭示了自身行为习惯的问题。

当你饿的时候，摆在你面前的是满桌的美味佳肴，在饥饿感的驱使下很多人会迫不及待地想动筷子，这是饥饿情绪的本能反应，然而，肚子饿只是一个信号，你应当在动筷子之前，考虑一下是否需要等待别人来了之后一起就餐，否则很不礼貌。这就是所说的情绪警示，它使人在处事时三思而后行，有助于个人得体地为人处世。

倘若吃饭的时候一味地从自己的本能情绪出发，自己的情绪虽然得到了照顾，却容易引起其他人的反感，任由情绪的发展，不是一件好事。我们需要将情绪自然反映出来，但也不能忽视情绪产生的不良后果，应当具体问题具体分析，通过对情绪生成的解析来具体行事，正如过马路的黄灯区，行人都会停下来考虑自己下一步该干什么，情绪的表现也需要一个思考的过程，不能任由情绪自由发展。现在很多人没有将情绪作为警示灯来认真分析对待，喜怒哀乐直接显示在脸上，这样不利于人与人之间的相处。

### 4.情绪提醒我们身体的问题

我们都知道，身患疾病的人在情绪方面表现很强烈，他们经常情绪不稳定，起伏较大。易烦躁激动，爱发脾气。情绪激动时，表现出极大的焦躁不安，有时难以控制自己。对外界因素反应更加敏感，对身体的细微变化和各种刺激往往表现出过度的情绪反应。一点微小的事情，也会成为引起强烈情绪产生的导火索。别人的一句不合意的话，也会使其感到受了极大的委屈。甚至别人说话声音太大或者收音机音量太响，也会令其烦恼。

从这一点就可以看出，某些情绪的集中爆发可能就是我们身体出现问题的警讯，不能不加以重视。找不到情绪源的负面情绪可能就是由身体疾病引发的，例如莫名其妙地烦躁不安、毫无理由地生气和低落消沉的情绪可能都是某种疾病潜伏在身体里的征兆，我们要多加注意。

当代社会高速发展，人们的压力也越来越大，对情绪的管理便显得非常重要，在稳定的情绪下，一切都很容易顺利展开，但情绪不好的时候，行事则十分困难。因此，我们要管理好自己的情绪，适当地调整自己的情绪，然后才能一心一意去做事，所做的事情才能更见成效。

## 情绪的"蝴蝶效应"

气象学中有一种"蝴蝶效应"的说法：如果身处南美洲亚马孙河流域热带雨林中的一只蝴蝶偶尔扇动几下翅膀，两个星期之后，美国的得克萨斯州可能会发生一场龙卷风。一只小小的蝴蝶扇动翅膀引起一场大的龙卷风，这听起来有些不可思议，但事实确实如此。因为蝴蝶扇动翅膀的过程中，可以引起微弱气流的产生，由此导致旁边的空气和其他系统发生变化，从而引起连锁反应，最终导致其他系统的极大变化。

同样，在生活中也存在"蝴蝶效应"，其中最明显的表现就是情绪，情绪的起因往往就是一句话、一个无意动作的影响，或许说话人自己都没有注意，但为日后事情的发生埋下了伏笔。如果我们不注意处理微小的不良情绪，就有可能由于情绪的积累酿成大祸。

生活中的小事情往往是情绪产生的最根本原因，小事情可以置人于死地，也可以挽救生命，关键就看小事情所引起的情绪是正面的还是负面的，而我们又是否能够妥善地处理好产生的情绪。

很多朋友都不明白东子是怎样把临街那家水果店开得如此红火，以前在那个位置开店的总是不超过一个月就关门了，而东子的店自从开张以来生意就没有断过，而且还越来越好。一次朋友们去参观东子的店才明白这其中的奥妙：有大爷大妈来店里买东西的时候，东子总是亲切地叫出王大妈或李大爷，从没有叫错过，而且还会关心地问一句身体状况，遇到年轻人还会和他们聊聊天。在朋友眼里，所有客人都成为东子的朋友。

在东子的水果店里，人们得到的都是轻松愉悦的心情和积极正面的情绪。即使在客人进店之前还有些许负面情绪，也能在东子那里得到发泄和沟通。有时候一句关怀的话、一个善意的行动也能温暖人心，可以产生促进好的情绪的"蝴蝶效应"。

我们需要关注情绪最初产生的细微原因，并对此保持高度的"敏感性"，尤其要注意情绪的变化，通过及时调整心态来保持自身良好的情绪状态。只有从最初的根源对情绪及时把握好，才能避免负面情绪的积累，才能促进积极情绪的有效形成。

## 情商与情绪管理

我们所说的情绪控制与管理能力被心理学家引申为"情商"这个概念。1990年,一个心理学概念的提出在世界范围内掀起了一场人类智能的革命,并引起了人们旷日持久的讨论,这就是美国心理学家彼得·塞拉维和约翰·梅耶提出的情商概念。紧跟其后的1995年10月美国《纽约时报》的专栏作家丹尼尔·戈尔曼出版了《情感智商》一书,把情感智商这一研究成果介绍给大众,该书也迅速成为世界范围内的畅销书。

过去,人们往往认为智商比情商更重要,从而忽视了对情商的开发和培养。但现实告诉我们,情商比智商更重要。与人打交道会遇到不同性格、不同文化、不同背景的人,情商高的人,往往在工作和生活中能够如鱼得水、游刃有余。下面的例子正说明这个问题。

超市等着结账的队伍排得越来越长。玛格丽特大概排在队伍的第十位,因此不清楚前面发生了什么事。只听到有人叫来主管,要打开收款机检查,看来还得等很长时间。

玛格丽特等得有些不耐烦了,但是理智告诉她不能发火,因为她认为出现故障也不是收银员的错。时间过去了10分钟,收款机还是没有修好,这时队伍远处传出喊叫声。队伍前面有个男子在骂收银员和主管:"你们是什么专业素质啊!这么大的超市怎么会犯这种低级的错误呢?你们不会修好收款机啊?没看见队伍有多长吗？我还有事，太可恶了。"

收银员和主管只好道歉，说他们已经在尽力修了，建议男子换个收款台。"为什么要我换啊？是你们的错，又不是我的错，浪费我的时间，我要给你们领导写信。"男子丢下满是物品的购物车，气愤地离开了超市。

男子离开后一两分钟，又发生了三件事。为了不耽误这支队伍的顾客付款，超市在旁边专门开了一个收款台；刚才坏了的收款机也修好了；为了表示道歉，主管给玛格丽特及这个队伍中的其他顾客每人5英镑的优惠券。

玛格丽特很高兴，买东西还得到了优惠。但是，那个愤怒的男子却既没有买到自己想要的东西，又没得到优惠券，还跟人生气发火。

在这个故事中，谁运用了情商？显然是玛格丽特，她虽然也有些生气，但她没有发火，只是耐心地等待，她站在别人的角度分析了情况，而她前面那个愤怒的男子完全没有控制自己的情绪，情商从某种程度上来说有些不足。

情商不是天生的，它由下列5种可以学习的能力组成：

### 1. 了解自己情绪的能力

这种能力包括能立刻察觉自己的感觉、情绪、情感、动机、性格、欲望，以及基本的价值取向等，行动上以此为依据。能够了解情绪产生的原因，能够适时地认识到自己的负面情绪。了解自己的真实感受的人才不至于沦为感觉的奴隶；掌握自己的感觉，个人才能成为生活的主宰，对人生大事做出妥善的选择。

## 2. 控制自己情绪的能力

这种能力是能够认识和协调自己的快乐、愤怒、恐惧、爱、惊讶、厌恶、悲伤、焦虑等情感。能够安抚自己，摆脱强烈的焦虑、忧郁以及能够控制产生刺激情绪的根源。懂得进行自我调节，把负面情绪抛到九霄云外。这方面能力较匮乏的人往往会陷入低落的情绪之中。

## 3. 激励自己的能力

这种能力是能够整顿情绪，让自己朝着一定的目标努力，增强注意力与创造力。自我激励能够使人走出生命中的低潮，重新出发。人生难免会碰到一些挫折和困难，面对这种情况，积极的人往往会自我激励，迎难而上，从失败中汲取经验，提高自己；而消极的人，常常会往坏处想，越想越坏、越做越糟。

## 4. 了解别人情绪的能力

这种能力体现在能够理解别人的感觉，察觉别人的真正需要，具有同理心，即能善于感觉别人的感受。认知他人的情绪是与他人正常交往，实现顺利沟通的基础。一般，有同理心的人能从微小的信息中察觉到他人的需求，了解他人的情绪、性情、动机和欲望等，并做出适度的反应。要学会察言观色，善于从对方的语言、语调、语气、表情、手势和姿势等来判断他人真实的情绪和情感。善于识别他人的情绪，想人之所想，急人之所急。

## 5. 维系融洽人际关系的能力

人际关系属于一门管理他人情绪的艺术，一个人的人际和谐程度、领导能力通常与这个人能否细微地关注、恰当地对待他人的情绪有关。要能够理解并容忍别人的情绪。人际交往能力是情商的核心部分，高情商的人都是人际交往能力强的人，而沟通和交往的要点是善解人意。

以上几种能力中，情绪控制、自我激励是中心问题，它们与其他几种能力相互补充、相互贯通、相互制约。

## 第二节　借助情绪力量，打造成功人生

### 认识情绪的巨大作用

生活中我们要与各种各样的人打交道，也要用不同的情绪力量做出不同的行为来"对付"不同的人。与其说经常和我们打交道的是人，不如说是我们自己的情绪。

现实生活中，总有一些人明明知道自己犯了错误却不愿承认。这时，如果你情绪失控，对对方进行不留情面的指责，只会令对方的态度更加强硬。相反，如果你能稳住情绪，在时机成熟的条件下，有意为对方找个借口、搭个台阶，使其按要求行事，就不至于太尴尬。

所以，我们有必要对情绪的作用做更进一步的了解，认识情绪的作用，对我们的整个人生都有很大的影响。

很多人都知道情绪，但是对人类情绪的变化原因却不甚了解。

情绪变化指的是辨别自己和他人的各种情绪，并有意表达这些情绪的能力。通过表达你所有的情绪变化，能够获得有关自己和外在世界的各种有价值的信息。

同情和移情要求你认同他人的情绪。如果你对某些特定的情绪感到不适，往往会在内心回避或否认它们。如此一来，你就无法获得有关导致这些情绪的特定事件、情形或人的重要信息。此外，你就会不认同或刻意回避那些会引起你内心不适的他人的情绪。

如果你无法"看到"某些情绪，就很难做到富有同情心，或者会缺少移情能力。

情绪也是有强度的。情绪强度指的是"调高"或"调低"某种情绪的能力，以及你在特定场合的情绪匹配程度。想想在播放某首歌曲时调节音量的重要性吧。正如伟大的作曲家使用声音强度来传达不同的音乐意义一样，你的情绪强度有助于他人了解你的内心世界。

也许你曾经与这样的人共过事，就是他突然"打开"或"关闭"情绪，或在没有任何征兆的情况下就从轻度恼怒转变成极度愤怒。如此快速的情绪转变令周围的人感到十分不安。缺乏情绪强度调节能力的领导者可能令人难以预测，因此也难以获得他人的信任。

如果你的声音总是很低，但某个人调节情绪强度的能力很强，你可能会将对方的适度情绪表达误解为极端的表达。这就会导致信息传递失准。你在准确理解其他人的情绪表达方面的敏感度，以及你在某种场合的情绪强度匹配度，表明了你的情绪稳定度，并使你在下属面前获得自信。

你之所以会受到情绪强度的限制，可能是因为你没有在特定的场合"登记"你的内心情绪状态，或羞于表达自己的情绪。我们有时候恰当地表达了自己的情绪，而在其他场合却不适当地限制或延迟了自己的情绪表达。记录你在特定场合所具有的情绪反应，注意自己阻止情绪表达和在没有任何征兆时就爆发出某种情绪的时间和场合。

当你认识到他人或自己的某种情绪状态时，有意识地选择自己的行动反应。通过实践来培养监测自己的情绪状态，并在各种场合表达匹配情绪的能力。从值得信赖的人那里获得他们对你的情绪强度的反馈。

除了了解情绪强度之外，我们还需要认识情绪的流动性。

情绪流动性指的是在特定场合下不受阻碍地、以适当的速度切换情绪状态的能力。仍以钢琴演奏为例，流畅的演奏者能够自如地根据乐谱，以较快或悠闲的速度演奏。这类演奏者不会受困于特定的音符或段落。

在某种情绪场合，具有情绪流动性的人能够超越特定时刻的情绪。相反，缺乏情绪流动性的人往往会受困于某种情绪，或者无法快速地对特定的场合做出适当的情绪反应。这种情形更容易出现在负面或未确定的情绪状态。特定的情绪状态可能令人亲近，且感到舒心。

培养情绪流动性具有多种含义。如果你拓展了自己的决策空间，就能游刃有余地处理特定的形势，甚至改变形势的发展。缺乏流动性容易削弱体验周围环境中其他事物的能力。例如，如果领导者受到某个失败项目的困扰，就有可能无法产生激励下属寻找新机会所需要的激情。如果领导者受困于某种情绪，即使这种情绪是正面的，比如希望或乐观主义，其他人也有可能感到沮丧。如果某种场合需要领导者做出抑郁的情绪反应，过于正面的情绪反应就会显得极不协调。

情绪融合力指的是理解情绪与思想、身体状态以及创造性表达之间的关系的能力。演奏一段乐曲需要将所涉及的乐器加以结合，如果缺少一段弦乐或铜管乐，听众就无法完全理解该乐曲的艺术价值。同样，领导者如果没有抓住机会看清自己的情绪如何影响到自己的思想、触感和创造力，则无法充分发挥自己的才能。

实际上，当伤害到一个人的情绪中心时，他甚至连做出最简单的决策的能力都没有。

同样，你对特定情形的思考会影响到你的情绪状态。你能够根据思想来制造情绪。只要想想你一天中经历的情绪变化，你关注的情绪就有可能出现。

你的语言也反映了"情绪与身体触觉密切联系"这一观点，如"我内心相当紧张""她让人头疼""我感到压力越来越重""我觉得非常轻松"。这些常见的表达将焦虑、挫折、恐惧、无忧无虑与身体触觉联系起来。许多人在通过身体触觉体验到情绪之后，才在智力层面意识到这些情绪。同样，你的情绪状态影响到你的身体状态，也影响到你遭遇身体外伤和疾病时的康复能力。

当然，如果我们深入地去观察自己包括他人的情绪时，我们就会发现,情绪的作用远远不止这些,情绪是很微妙的情感体现,而它所发挥的作用也是可大可小、无法计算的,如何将这些有利作用最大化地为自己所用,也是我们需要学习的人生课题。

## 情绪可以改变命运

不要忽视自己的情绪,因为每一种情绪背后都蕴藏着一种强大的力量。情绪可以改变命运,绝不是危言耸听。好情绪可以激发一个人的斗志,坏情绪则会打击一个人的进取心,选择哪种情绪,就预示着我们将成为怎样的人。

真正极富天资、得天独厚的人是极为少见的,许多的成功人士都是很普通的人,他们的成就往往要归功于他们良好的情绪。

罗丹出生在一个贫苦的家庭,他酷爱画画,但他目不识丁的父亲却一心想让他成为一个能干活养家的男人,并不指望他成为什么画家。当他得知罗丹背着他偷偷学画后,竟高举着皮鞭逼着罗丹把他画的画和姨妈送的画笔扔进火炉里。

进了校园的罗丹因为把时间都用在了画画上,学习成绩很不好,于是,老师只好禁止他画画。一次,罗丹画了一幅罗马帝国的地图,被教师用戒尺狠狠揍了一顿,小手被打得通红,以致一个星期不能拿笔。

后来,在大姐的帮助下,罗丹终于进了一所免费的美术学校学画。其中的一名教师勒考克是巴黎最杰出的教师之一,他厌恶美术学院死板僵化的教学方式,他的这种行为引起很多绘画大家的不满，也让罗丹以后的艺术道路受到了影响。当然，这是后话。

由于没有钱买颜料，罗丹不得不放弃自己钟爱的绘画。勒考克觉得罗丹是一个很有前途的学生，觉得他因为买不起颜料而终止学习非常可惜，于是就动员罗丹到雕塑室进行训练。灰心丧气的罗丹被勒考克严厉地数落一通后，跟随老师进了雕塑室。面对雕刻室满地湿乎乎的黏泥、橡皮的胶泥、赤褐色的陶土和一块块的大理石，以及那梯子、支架和刀具，罗丹一下子被这个新鲜的世界吸引了。

有了梦想的罗丹暗自告诫自己：这次不管怎么样，都不能半途而废。他每天从巴黎的这一头赶到另一头，对这座城市的街道、广场、花园、大桥和古代建筑，还有著名的塞纳河两岸的大道，都满怀深情，了如指掌。他随身携带的小本子上画了成千上万幅写生。他没有休息日，星期六晚上在家里根据记忆画想要雕塑的人物草图，星期天则整天待在家里用黏土进行创作。

一晃三年过去了，罗丹请求勒考克推荐他考美术学院。在得到老师的同意并得到另一位雕塑家的推荐后，罗丹信心十足地去参加美术学院的考试。考试要求每天用两个小时、总共在六天内完成整个人像，罗丹觉得这是做不到的事情，但还是抓紧时间干了起来。两天过去了，他才在纸上画好了草图，而多数考生已塑完了一半，但他们的作品都显得光滑而没有生气。在最后一天，罗丹的作品虽然没有完全塑成，但他感到已是所有考生中最好的。

但是，罗丹的报考表上写着"落选"。第二年、第三年，罗丹的报考表上依然写着"落选"这两个字。

罗丹泪眼模糊。当他踉踉跄跄地走出考场时,一位学画的朋友告诉他:"你是个天才的雕塑家,但因为你是勒考克的得意门生,所以他们永远也不会录取你,否则就等于他们赞成勒考克的艺术主张。"

尽管罗丹此时几乎痛不欲生,但是他及时调整自己的不良情绪,继续投入工作中。直到一年后,勒考克把自己视若生命的工作室交给了罗丹。

罗丹终于用他的智慧和刀具,在世界雕塑史上留下了光辉的一页。同时,也使自己成为一尊不朽的雕像!

可以想象,如果面对父亲的责骂、经济的拮据、生活的艰苦以及美术学院的排斥,罗丹退缩了、消沉了,甚至是放弃了,那么世界会永远失去一位伟大的雕塑家。

歌德曾说过:"只有两条路可以通往远大的目标,得以完成伟大的事业,那就是力量与坚忍。"正因为我们有了良好的情绪控制力才得以坚持自我、永不放弃,才能与糟糕的际遇不懈而顽强地斗争。因为它那不可抗拒的强大力量,最终,我们总会取得胜利。

重新认识自己的情绪,找到情绪中对我们有利的一面,发掘出它所暗藏的能量,然后用它来改变我们的命运。

## 1%的坏心情导致100%的失败

生活中,我们经常见到有人因情绪失控而乱发脾气,也经常看到有人因为发了脾气而把事情搞得一团糟,其中的原因不是这个人的工作能力不高，更不是这个人缺乏与人沟通的能力，而是因为这个人1%的坏心情，导致了最后100%的失败。

或许你不信这个结论，或许你认为这么说有点夸张。其实不然，一个人的心情和一个人手头所做的事情有着很紧密的联系，心情好，手头的事情也相对完成得好，或者说是完成的质量较高，相反，心绪不稳，总是左顾右盼，胡思乱想，根本就不把心思放在工作上，这样的心态又怎么能把事情做好呢？

美国石油大王洛克菲勒就是一个能正确对待自己坏心情的阳光人士，而他的对手恰恰是因为不能控制这1%的坏心情，导致了最后的失败。

在法庭询问上，对手律师的态度明显怀有恶意，甚至有羞辱之意，可以想象，当时洛克菲勒的心情有多么糟糕，如果这个时候他也发怒，必将掉入对方设计的陷阱之中，不过洛克菲勒很聪明，他明白这个时候控制自己的情绪有多么重要，自己一定不能和对方的律师一样鲁莽，更不能让自己这种气愤的心情有所流露。

"洛克菲勒先生，我要你把某日我写给你的那封信拿出来。"对方律师很粗暴地对他说。洛克菲勒知道，这封信里面有很多关于美孚石油公司的内幕，而这个律师根本就没有资格来问这件事情，不过洛克菲勒先生并没有进行任何的反驳，只是静静地坐在自己的座位上，没有任何表示。

"洛克菲勒先生，这封信是你接收的吗？"法官开始发问。

"我想是的，法官先生。"

"那么你对那封信回复了吗？"

"我想没有。"

这时法官又拿出许多其他的信件来，当场宣读：

"洛克菲勒先生，你能确定这些信都是你接收的吗？"

"我想是的，法官。"

"那你说你有没有回复那些信件呢？"

"我想我没有，法官。"

"你为何不回复那些信，你认识我，不是吗？"对方律师开始插嘴。

"是的，当然，我想我从前是认识你的。"

至此，看到洛克菲勒丝毫不动怒，像什么事都没发生过一样。对方律师的心情已经坏到极点，甚至有点开始暴跳如雷了，而洛克菲勒还是坐在那里丝毫不动，似乎眼前的事情根本就没有发生过，全庭寂静无声，除了对方律师的咆哮声。

最后对方律师因为情绪失控，在法庭上把真相说漏了嘴，最终结果可想而知，洛克菲勒不仅赢得了官司，还在美国人眼中留下了一个很优雅的形象。

这位律师因为自己的暴怒情绪，而将自己弄得方寸大乱，很多言行都被情绪控制，而不是头脑控制，这时的他就像一个掉线木偶，情绪受对手也就是洛克菲勒影响着，坏心情一点点扩大，最后输了这场官司。

生活中有太多这样的例子，由于自己不懂得控制坏情绪，最后酿成难以挽回的错误。情绪的力量可见一斑。

当然一个人也不能像木头一样，没有情绪，没有思想，不可能永远都不发怒，不可能永远都能心情很好地走进每天的生活。可是当你真正发怒的时候，你试想这样会发生什么样的后果？这样到底会不会损害你的利益，会不会动摇你在别人心目中的地位？如果你能真正意识到这一点，真正明白发怒只能把事情搞砸，而绝对不能把事情完美解决的话，你肯定就会好好地约束自己的情感，好好地控制自己的情绪，这样也就能和石油大王洛克菲勒一样，轻而易举地打败对方。

## 第三节　你的情绪，决定着你的健康

### 心理疾病时代的危机

健康包括身体健康和心理健康，只有身心都健康的人才称得上是真正健康的。在生活中，经常发现有的人只重视身体健康，却忽视心理健康。

俗话说："健身首先要健心。"因此，从某种意义上来说，心理健康比身体健康更重要。也许你会问："心理健康与否和情绪又有什么关系呢？"其实，经心理学家研究表明，导致心理不健康的罪魁祸首就是不良情绪。

晋朝有个人叫乐广。有一天，一个好朋友去看望乐广，乐广拿出酒来招待他；两人边喝边谈。可客人好像有什么心事，喝得很少，话也谈得不多，一会儿便起身告辞了。

这个朋友回到家便生起病来，请医服药也不见效。乐广得知这个消息，立刻去他家探视，询问病因。病人吞吞吐吐地说："那天到你家喝酒的时候，我仿佛看见酒杯里有条小蛇在游动，当时感觉特别紧张，心里也很害怕。喝了那酒，回来就病倒了。"乐广想了想，便热情地邀朋友再去他家饮几杯，并保证能治好朋友的病。

这一次，两人仍坐原位，酒杯也放在原处。乐广给客人斟上酒，笑问道："今天杯里有无小蛇？"客人看着酒杯，紧张情绪不受控制，他立刻跳了起来，大叫道："有！好像还有。"乐广转身取下挂在墙上的一张弓，再问道："现在，蛇影还有吗？"原来酒杯里并没有什么小蛇，而是弓影！病人恍然大悟，疑惧尽消，病也全好了。

乐广的朋友得的就是心理疾病，而这种疾病的根源就是他的不良情绪。想想看，他因为误以为自己的酒杯里有蛇，而让坏情绪钻了空子，他开始紧张、恐惧，而这些情绪得不到化解，心理自然就有了负担，得病也就是自然而然的了。

有人花了38年的时间做了一项调查，结果显示，心情舒畅的人，其死亡率很低，而且极少得慢性病。而精神压力大的人，竟有三分之一因重病而去世。很多疾病，如高血压、心脏病、胃溃疡、肺结核、哮喘等发病的确与情绪有关。由此可见，人的心理健康与身体健康是相互联系、相互制约、相辅相成的。

幻觉

这是一种没有现实刺激物作用于相应的感受器官而出现的一种虚幻的感知和体验，就是外界环境并不存在某种事物，而主体却坚持认为感知该事物的存在，因而是一种无中生有的虚假、空幻的感觉。幻觉有幻听、幻视、幻味、幻嗅、幻触等。有幻觉的人可能完全受幻觉所吸引，被幻觉命令所支配，出现种种反常的行动。

**妄想**

这是毫无事实根据但是身处其中的人却坚定不移的病态想法，它是一种歪曲的信念、错误的判断和推理。像疑病妄想、关系妄想、钟情妄想、迫害妄想、嫉妒妄想等。病人对周围事物疑心重重，或者夸大自己的能力、地位和财产，尽管这种想法极端荒唐无稽，完全没有事实根据，但是病人却坚信不移。无论旁人怎样解释，甚至把无可辩驳的事实摆在面前，也丝毫不能动摇或纠正他的错误信念和想法。

**兴奋**

这是指病人情绪激动，活动增多，烦躁不安，说话时喋喋不休，骚动不安，有时会冲动起来，出现伤人毁物的破坏性行为。

**忧郁**

这是指病人情绪低沉，精神沮丧，整天愁眉苦脸，唉声叹气，对周围事物漠不关心，丝毫不感兴趣。这样的病人有自责自罪的想法，悲观绝望，甚至会有自杀的念头和行为。

对于已经生病的人来说，心理因素起着十分重要的作用。这就是我们常说"心病还须心药医"的原因。患者自身有良好的心理状态，与医生密切配合，可使重病减轻，使绝症得到缓解。因此，在日常生活中，我们一定要积极主动地调节自身的心理活动，更好地适应不断变化的客观形势，只有长期保持较好的精神状态，才能健康快乐地生活。

## 偏头疼的罪魁祸首

偏头疼似乎是当今上班族最常见的一种疾病。生活压力大，工作强度高，是上班族的一大生存特点。

在生活中，我们经常看到有些人特别是年轻女性，在害羞的时候会面红耳赤，其实这就是血管对情绪刺激做出的最常见的反应。

人在情绪变化时，如害羞、害怕、惭愧、愤怒，或受到表扬或批评，或在温度变化等情况下，出现面红，甚至周身皮肤发红，这是由于皮肤暂时性血管扩张，医学上称面红恐惧症，常见于强迫性神经官能症和精神衰弱的患者，女性较为多见。

除了脸红症状以外，头颅内外中等粗细的血管对于情绪的刺激最为敏感。这些血管随着我们的情绪变化会引起头痛，或者更为严重的偏头痛。对于很多人来说，情绪刺激可能是深层次的问题，他们会试图掩饰某种不愿意表露的情绪，但大多数隐藏在头痛背后的情绪还是很容易被发现的。

有一位女士患上一种很严重的偏头痛，每次她上街后都要发作，回来后不得不卧床休息一天。

她是一位特别挑剔的家庭主妇，她的丈夫是位农场主。每次上街之前，她得先将屋子打扫干净，给孩子洗澡穿戴好，还要想着上街要买些什么东西，这些需要的用品在什么地理位置，怎样用最少的时间，见最少的人，就可以把要买的东西买回来。

因为这位女士天生害羞，一想到要遇见很多人，就惴惴不安。所以每次上街前她都要细细规划一番，但尽管如此，她一想到上街还是感到紧张和羞涩，还没出去就开始头痛，等上街回来之后就得卧床休息。当然，有时她也去看医生，但是每次都头痛而归。

负面情绪为什么会造成偏头疼呢？

这是因为血管含有丰富的神经末梢，疼痛反应极为强烈，所以产生头痛。

典型的偏头痛在头痛之前会有先兆症状，比如常有精神不振、视物不清、偏盲或出现幻觉、想睡觉及不舒适感，这些症状数分钟或十多分钟后消失，其后就开始头痛。不典型的偏头痛无先兆症状，一开始就是头痛。先是一侧局部出现胀痛，然后扩展到眼结膜及鼻黏膜充血，还可能出现吃饭不香、恶心、怕光、怕噪声。发作轻者仅几个小时，重者长达数日。

偏头痛一般会周期性发作，每次发作的过程相似，疼痛强烈者，个性特征也会发生改变。

最新的研究表明，偏头痛与各种潜在的精神疾病可能有密切联系。大部分的偏头痛都与精神疾病和情绪障碍有关，如抑郁症、恐慌症、社交恐惧症、焦虑狂躁症等。

年龄、学历、居住地等因素和偏头痛的发生没有直接关系，但精神状态与之有密切的联系。而顽固性偏头痛往往与潜在的抑郁和焦虑有关，偏头痛也可能是精神疾病的一种生理症状。

因此，偏头痛的治疗应密切注意患者精神状态的调节和心理疾病的治疗，最好有心理医生的介入，这样才能达到比较理想的效果。

心理治疗对偏头痛效果显著，可以在药物治疗的同时对情绪进行控制，以缓解症状。

偏头痛应首先采用心理治疗，对情绪进行调控，同时配合药物治疗，缓解症状。情绪调控疗法有精神疗法、自我训练及冥想静思疗法等。要尽量清除引起患者不良情绪反应的心理刺激源。此外，合理安排日常生活及工作、缓解家庭矛盾、保持良好情绪对治疗偏头痛也有良好的效果。

## 不良情绪导致内分泌失衡

生活中，我们要承受来自各个方面的压力，哪一种压力都需要打起十二分的精神来应对，难以彻底放松下来。这种紧张状态和不良情绪会影响神经系统，就会造成激素分泌的紊乱，也就是我们通常所说的内分泌失调。

内分泌是人体生理机能的调控者，它通过分泌激素在人体内发挥作用。比如，细菌进入人体，胸腺素便会自动增加分泌，以抵抗病菌；女性经期，孕激素也会增多，而雌激素则相应减少。但是，如果因为某些原因，引起内分泌腺分泌的激素过多或过少，新陈代谢功能紊乱，就会造成内分泌失调，导致内分泌疾病发生。这些疾病不仅有损女性的美丽，更会损害女性的生理和心理健康。

女性较敏感，情绪不稳定，又易忧郁、急躁、思虑过度，这些因素都易扰乱气血运行，或许这就是女性易致内分泌失调的原因。

31岁的王小姐在一家上市公司任职，最近一段时间老是烦躁焦虑，脾气越来越暴躁，动不动就跟人生气，还一阵阵地发热、出汗。身边的好友都笑她说："你是不是进入更年期了。"

去医院一检查，医生发现她激素水平已经接近更年期的妇女，卵巢也开始萎缩退化，正逐渐失去应有的生理功能。医生诊断她得了"卵巢功能早衰"。

这样的诊断结果让王小姐很痛苦，31岁正是事业稳定的好时候，令她想不到的是为了工作，自己的身体却被压垮了。

随着女性社会地位的不断提高，女性所承担的社会压力也越来越大，加上环境污染以及诸多的不良生活习惯，卵巢功能早衰正向更多的女性袭来。

学会情绪调节，防止不良情绪干扰女性内分泌功能和免疫系统，降低机体的抗病能力。维持和谐的生活，增强对生活的信心，保持精神愉快，消除孤独感，缓解心理压力，不断提高人体免疫功能。

夏季人体的新陈代谢旺盛，在燥热的天气里，体内的水分和营养更容易流失，加上酷热难眠，更容易造成内分泌失调。再加上现代女性肩负工作、家庭的双重压力，而女性较敏感，情绪不稳定，又易因忧郁、急躁、怒气、思虑过度等内在因素扰乱气血运行，从而导致内分泌失调。

"内分泌失调"代表荷尔蒙的不稳定状态，西医认为，调节内分泌主要从饮食、运动上入手，必要时辅以药物治疗，要养成良好的饮食习惯，多吃新鲜果蔬、高蛋白类的食物，多喝水，补充身体所需的水分，多参加各种运动锻炼，加强体质，不要经常熬夜，以免破坏正常的生理规律，造成荷尔蒙的分泌失衡甚至不足，进而引发其他疾病，还要注意休息、保证充足的睡眠。

另外，女性因为特殊的生理及心理特性，也会出现独特的情绪表现，情绪好坏则直接影响人体激素的分泌。她们因为较易受到外界环境的影响，经常出现焦虑、愤怒、抑郁等不良情绪，所以要主动调节情绪，保持良好的精神状态。尤其是在月经、妊娠期等特殊的日子里，更要注意及时调节自己的不良情绪，以减轻特殊生理周期前后情绪的变化，保持良好的精神状态。这是避免内分泌失调的办法之一。

## 赶走失眠，还你一个美梦

工作压力过大，生活琐事繁多，人际关系复杂，这些都是造成人体神经紧张，心理压力负重，情绪不安的主要原因。失眠、焦躁，也紧随其后，扰乱着我们的生活。

爱丽丝辗转反侧，难以入睡。

现在是凌晨3点，两个小时前她被一阵震动吵醒，脑海中立刻浮现出当天下午和上司谈话的场景。只不过，这一次的画面中还带上了评论。评论者正是她本人，以一种尖厉的声音责问着自己：

"我为什么要那么做呢?听起来简直就像个傻瓜。他所谓的'基本能胜任工作'背后的意思究竟是指什么呢——是说我还不够升职的条件?好吧,难道他要把项目交给克里斯蒂的部门去做吗?可是,那些人能对这个项目做什么呀?那可是我一直负责的项目……至少到目前为止都是。他说要评估项目进展的情况莫非就是这个意思?想要让其他人来负责这个项目,对不对?我知道我干得不够好——不够升职资格,甚至可能都不够资格继续干这份工作。但是,如果能让我看着它完成那该多好!"

如果她辞掉原来的工作寻找新工作,她和孩子将会面临可怕的困境。当她勉强拖着浑身疼痛的身体起床,挣扎着向浴室走去时,她脑海中又开始浮现出自己被一个又一个的雇主拒绝的画面。

"我不应该责备他们。我只是不明白自己为什么那么容易沮丧。为什么我对所有的事情都如此敏感?别人都过得很不错。而我却没有办法同时照顾到工作和家庭。真无法想象老板是怎样来评价我的。"

她头脑中的磁带又开始周而复始地转动了。

就这样,爱丽丝又失眠了。她总在为不存在的事情陷入焦虑情绪之中,导致自己烦躁不安,难以入睡。面对事情,只会用消极的情绪敌对,而不采取有效措施,这是一种很不好的习惯。失眠也就成了很正常的事情,因为如果她自己不尝试去缓解那些不好的情绪,别人无法帮助她。

失眠一般不会致命,但长期失眠会使人脾气暴躁,攻击性强,记忆力减退,注意力不集中,精神疲劳。失眠对人精神上的影响容易导致器质性的疾病，还会使人免疫力下降，使人的身体消耗较大，心理治疗在失眠治疗中起着重要作用。甚至有的睡眠障碍专家认为，对于心因性失眠来说，药物只是一种辅助治疗，只有心理治疗才能解决根本问题。

对失眠的恐惧心理会使失眠的治疗更加困难。保持平和的精神状态很重要，不要把失眠看得太重，试想，世界上那么多人失眠，他们不还是照样正常工作和生活吗？

如果实在睡不着，而且越来越烦躁，应该起来做点什么，等有了睡意再上床。如果强迫自己入睡，往往事与愿违。

不少自称失眠的人，不能正确看待梦，认为梦是睡眠不佳的表现，对人体有害，甚至有人误认为多梦就是失眠。这些错误观念往往使人焦虑，担心入睡后会再做梦，这种"警戒"心理，往往影响睡眠质量。

其实，科学已证明，每个人都会做梦，做梦不仅是一种正常的心理现象，而且是大脑的一种工作方式，在梦中重演白天的经历，有助于记忆，并把无用的信息清理掉。梦本身对人体并无害处，有害的是认为"做梦有害"的心理，使自己产生了心理负担。

有些人因为一次过失，感到内疚自责，在脑子里重演过失事件，并懊悔自己当初没有妥善处理。白天由于事情多，自责懊悔情绪稍轻，到夜晚则"徘徊"在自责、懊悔的幻想与兴奋中，久久难眠。

工作上的不顺心、学习上的压力、家庭关系的紧张、经济上的重负、爱情受挫、人际矛盾、退休后生活单调、精神空虚等因素是大多数失眠者失眠的原因。因此,药物及其他疗法只是一种症状治疗,一种辅助措施,唯有心理治疗才能更好地解决问题。长期失眠的人,不妨试试以下方法:

1. 保持乐观的愉悦情绪,避免因挫折而导致心理失衡。

2. 有规律地生活,养成按时作息的好习惯。

3. 创造有利于入睡的条件反射机制,如睡前半小时洗热水澡、泡脚、喝杯牛奶等。

4. 白天进行适度的体育锻炼,有助于晚上的入睡。

5. 养成良好的睡眠卫生习惯,如保持卧室清洁、安静、远离噪声、避开光线刺激等,避免睡觉前喝茶、饮酒。

6. 限制白天的睡眠时间,白天可适当午睡或打盹,应避免午睡时间过长,否则会减少晚上的睡意及睡眠时间。

此外,喝牛奶也有较好的催眠作用,不妨在睡前喝一杯热牛奶。

Chapter 2

第二章

情绪控制：

优秀的人从不

输给情绪

## 第一节　情绪调节：别让坏情绪绑架你

### 走出情绪的死角

正确认识情绪，对情绪反应仔细分析，因为，有时候情绪会把我们带进一个死胡同。

一个人在森林中徒步行走，他眼角的余光突然发现了一条长而弯曲的东西，他脑子里蓦地浮现蛇的样子，下意识地跳到了一块石头上。但他仔细察看这个东西后，紧张的心情释然了，原来那是一根青藤而不是蛇。

这个人在刚看到青藤时的反应被称为应激反省，是大脑的情绪反应与智力反应的通路。在应激状态下，出现于大脑中的情绪与智力的通路是正常的、可以理解的。然而，有些人稍遇情绪波动，就产生这种通路，产生感情冲动，以感情代替理智、以感情冲击理智。这类人很难调节自己的情绪。

苏珊娜最近的精神状态很糟糕,她不得不去咨询心理医生。

她第一次去见心理医生时,一开口就说:"医生,我想你是帮不了我的,我实在是个很糟糕的人,老是把工作搞得一塌糊涂,肯定会被辞掉。就在昨天,老板跟我说我要调职了,他说是升职。要是我的工作表现真的好,干吗要把我调职呢?"

可是,慢慢地,苏珊娜说出了她的真实境况。原来她在两年前拿到了MBA学位,有一份薪水优厚的工作。这哪能算是一事无成呢?

针对苏珊娜的情况,心理医生要她以后把想到的话记下来,尤其在晚上失眠时想到的话。在他们第二次见面时,苏珊娜记下了这样的话:"我其实并不怎么出色,我之所以能够冒出头来全是侥幸。""明天定会大祸临头,我从没主持过会议。""今天早上老板满脸怒容,我做错了什么呢?"

她承认说:"单在一天里,我列下了26个消极思想,难怪我经常觉得疲倦,意志消沉。"直到苏珊娜把忧虑和烦恼的事念出来后,才发觉自己为了一些假想的灾祸浪费了太多的精力。

烦恼是一种不良情绪,忘掉自我,专心投入你当前要做的事情上,可以让你克服紧张情绪,保持一种泰然自若的心态。许多事情过后,你会发现那不过是庸人自扰,根来没有你原先想象的那么复杂、困难。何苦非要与自己过不去呢?

世上本无事,庸人自扰之。有些时候,并不是烦恼在追着你跑,而是你追着它不放,就像故事中的苏珊娜一样。大凡终日烦恼的人,实际上并不是遭到了多大的不幸,而是自己的内心对生活的认识存在着片面性。因此，要学会摆脱烦恼。

真正聪明的人即使处在烦恼的环境中，也能够自己寻找快乐。谁都会有烦恼的事情，但是，如果总是为不期而至的意外烦恼不已，或悲观失望，结果让自己的生活变得更糟糕，这样做不是很愚蠢吗？既然我们不能改变既成事实，为什么不改变面对事实，尤其是坏事的态度呢？

## "装"出来好心情

我们都知道"开心是一天，不开心也是一天"的道理，但"天天好心情"还真不是件容易事。喜怒哀乐乃人之常情，任何人都无法避免，但是长时间情绪低落会侵蚀你的身体，甚至影响你的健康；而好的心情则可以大大提高你的生活质量，也有助于你的身心健康。所以，一个人要想健康长寿，首先要摆脱坏情绪的纠缠，去发现体味生活中的美好，保持好心情。

"心情不好吗？""不好。"

那不妨试试"装"出好心情。在我们感到情绪低落时，装出好心情是放松身心、从消极转向积极的最有效的方法——我们通过"装"的扮演过程获得真实的好心情。最终，原本只是装出来的好心情会变成真实的感受从而让我们在不如意的时候较为快乐；遇到困境时也较有自信和意志力。

有句谚语："一个小丑进城，胜过一打医生。"它的意思是说，小丑带给大家欢笑，而好心情对身心健康的重要性胜过了医生对你的帮助。比方说，当你感到很压抑、没有任何动力和积极性的时候，不妨装着笑出来，你可以微微一笑、对着镜子做鬼脸，还可以开怀大笑、吹吹口哨。无论怎样，你就是要装出自己心情很好的样子。这样，你会发现，不久之后心情真的好起来了。而且，这种方法还能帮助减轻疲劳、舒缓紧张和忧虑。

李先生是一个事业有成的企业家。按理说他的人生很成功，应该没有什么让他忧虑的事情。但事实并非如此，他经常觉得心里恐慌，然后会陷入低落的情绪中。

有一天，他又感到意志消沉。之前一旦出现这种情绪低落的状况时，他通常采取的办法是避不见人，直到这种心情消散为止。但这天他要和上司举行一个重要会议，躲着不见人肯定行不通，那怎么办呢？他决定装出一副快乐的表情，让大家以为他根本就没有焦虑的事情。

于是，他在会议上笑容可掬，谈笑风生，装成心情愉快且和蔼可亲的样子。令他惊奇的是，不久他发现自己果真不再抑郁不振了。

李先生认为这是一种很奇妙的感觉，在他无意识中，低落的情绪竟然自己就跑了。

其实，"装"出好心情的例子有很多。不知你有没有发现，当小孩子哭得眼泪汪汪的时候，大人们通常都会逗小孩子说："噢，不哭，不哭，来，笑一个，乖乖笑一个吧。"结果很多小孩子就真的笑了。当然，刚开始的时候，他们可能很不情愿，只是勉强地笑了笑，但很快他们会随着这个勉强的笑慢慢变得开心起来。这就是装出好心情最常见的例子。当然，如果一个人装出很生气的样子，他也会因为这个角色扮演而陷入这种情绪的常见反应，心跳、呼吸变得急促。然后，这个人的情绪也会被"装"的愤怒所影响，容易变得心情不好。所以，当你心情不好、意志消沉的时候，赶快装个好心情吧。你只需用自己的表情和心情这些唾手可得的装扮道具，就能瞬间赶走灰暗情绪。

心情就像天气，阴晴不定、变幻莫测。天天好心情固然是每个人都渴求的，但瞬息万变的世界往往让人们不能如愿以偿。因为，人难免会遇到不顺眼的人、不顺心的事，坏心情也就随时会光临。如果你不想做一个受控于情绪的人，那么，从现在起，学着"装"出一份好心情，之后，你会发现，坏情绪真的不见了。

## 你为什么常常感到烦恼

人活在世上不可能事事尽如人意，遇到烦心的事也很正常。关键是看我们如何化解突如其来的坏情绪。

吉姆没有任何睡眠问题。事实上，他觉得要保持清醒很不容易。今天在公司停车场，他又一次呆坐在车里，感觉被一整天的压力钉牢在座位上。他浑身感到异常沉重。唯一有力气做的就是松开自己的安全带。然后他继续坐着，一动不动，没法推开车门出去工作。

如果他想想一天的工作安排也许能够站起来——以前这种想法总是能让他走出去，让生活像球一样滚动起来。但是，今天却不行。每一次谈话，每一个会议，每一通需要回复的电话都让他感觉像在生生地吞咽着一个又一个铁球，而随着每一次的吞咽，他的思绪便从日程安排转向了那每天早晨都会反复问的问题：

"为什么我感觉这么糟糕？我已经得到了大多数男人想要的一切——相爱的妻子，健康的孩子，稳定的工作，漂亮的房子……我到底怎么了？为什么我的思想老是集中不起来？而且，为什么总是这个样子？温蒂和孩子们已经被我的自责感折磨得痛苦不堪。他们已经无法再忍受我了。如果我能够弄明白这一切，事情也许会变得不同。如果我能知道为什么自己感觉如此虚弱，也许就能够解决那些问题并且像其他人一样好好地生活。这一切是多么愚蠢啊。"

一位心理学家为了研究人的"烦恼"的来源，做了一个有趣的实验。

他让参加实验的志愿者们在周日的晚上把自己对未来一周的忧虑与烦恼写在一张纸上，并署上自己的名字，然后将纸条投入"烦恼箱"。

一周之后，心理学家打开了这个箱子，将所有的"烦恼"还给其所属的主人，并让志愿者们逐一核对自己的烦恼是否真的发生了。结果发现，其中90%的"烦恼"并未真正发生。随后，心理学家让他们把过去一周真正发生的烦恼记录下来，又投入"烦恼箱"。

三周之后，心理学家再次把箱子打开，让志愿者重新核对自己写下的烦恼，这次，绝大多数人都表示，自己已经不再为三周之前的"烦恼"而烦恼了。

在这个实验中,我们都会发现,烦恼这东西原来是预想得很多,却出现得很少;自认为沉重到无法负担,转瞬也便如骤雨急停。人生的烦恼大多是自己寻来的,而且大多数人习惯把琐碎的小事放大。

"月有阴晴圆缺,人有悲欢离合",自然的威力,人生的得失,都没有必要太过计较,太较真了就容易受其影响。人到世上来,不是为苦恼而来的,所以不能天天板着面孔,伤心、烦恼、失意,这样的人生毫无乐趣可言,所以,我们应该乐观、积极、进取,快乐地在人间做人,远离忧愁、悲伤、苦恼,如此地活在人间才有价值。

还有这样一个心理学实验。

茶几上摆放着十几个水杯,这些杯子材质不同、造型各异、品位悬殊。心理学家对实验者说:"你们如果口渴的话,就自己拿杯子倒水喝吧!"

正值暑天,大家聊了一会儿就觉得口干舌燥,便纷纷起身去选杯子倒水。等到每个人面前都有了一杯水之后,心理学家突然问:"你们有没有发现你们选杯子时有个共同点?"

众人互相对视了几眼,都摇了摇头。

"你们看看茶几上被挑剩下的杯子,大多是劣质的塑料杯或纸杯。在可以选择的情况下,每个人都想拥有更好的东西,你们的心思就这样有意或无意地表露出来了。这样的心思并没有对错之分,但是你们当中大多数人在选杯子的时候都忘记了,自己需要的是水，而不是水杯。水杯的优劣对水质的好坏影响并不大。"

在生活中，类似的例子不在少数。我们很容易被鸡毛蒜皮的琐事牵绊，反而忘记了自己的初衷，难免自生烦恼。这正是"野花不种年年开，烦恼无根日日生"。

作家吴淡如曾经在她的文章中提到过这样一组数据：

我们的烦恼中，有40%属于杞人忧天，那些事根本不会发生；30%是无论怎么烦恼也没有用的既定事实；12%是事实上并不存在的幻象；还有10%是日常生活中微不足道的小事。也就是说，有92%的烦恼都是自寻的。只有8%的烦恼勉强有正面意义。

吴淡如问她的读者："看了这些数据，你要不要删除92%的烦恼？"

是啊，看了这些数据，我们是否应该主动删除自己那92%的烦恼呢？

佛经上说，魔鬼不在心外，魔鬼就在自己的心中。古代的思想家王阳明也说："擒山中之贼易，捉心中之贼难。"星云大师告诫我们，敌人就在自己心里，贪嗔痴疑慢、消极懈怠、忧愁烦恼，无一不是阻碍我们精进的心魔，能将其降伏者，也只有我们自己。

## 学会克制自己的情绪

人生充满了曲折，于是人有时会快乐，有时会痛苦，有时会悲伤，有时会郁闷。不同的境况会让人产生不同的情绪反应，然而情绪却有正面和负面之分，正面情绪使人积极向上，负面情绪使人沮丧失意。不管是哪种情绪都会在时间中在内心深处沉淀，成为自己的潜意识。

不管你正在做着什么工作，也不管你处于一种什么样的人生状态，人总会向自己追问人生的意义，也总会在生活中思考人生的价值。这也就说明人很希望能掌控自己的内心世界，因为只有自己成为自己，一切才能变得有意义。如果可以掌控自己，即使"痛"也可以使自己快乐着。

一个成功的人必定是有良好控制能力的人，控制自我不是不发泄情绪，也不是不发脾气，过度压抑会适得其反。良好地控制自我就是不要凡事都情绪化，任由情绪发展，而是要适度控制，这是一种能力的体现。

情绪是永远在变的，永远会导入另一种情绪。

当我们感觉有一种不愉快的情绪时，要花一点时间去弄清楚它们的来源。随着你的情绪自由流动，它会带你回到引起情绪的那个"有意识的信念"。所以，当我们抑制不住生气时，我们要学会问自己：一年后生气的理由是否还那么重要？这会使你对许多事情得出正确的看法。控制住自我，你的能力就会彰显出来。

詹纳斯·科尔耐说："我把人在控制情感上的软弱无力称为奴役。因为一个人为情感所支配，行为便没有自主之权，而受命运的宰割。"哈佛公共政策学教授伊莱恩·凯玛克则说："做自己感情的奴隶比做暴君的奴仆更为不幸。"

每个人在生活中都会遇到不合自己心意的事，有些人会为这些事情恼羞成怒，也有些人经常满脸愁容，精神不振，这些坏情绪，直接影响人的生活和工作。

　　人是在束缚中寻找生命的意义的，在寻找、认识及掌控自己的过程中，我们会产生各种心理问题以及人格障碍。面对自己的各种情绪，我们需要认知，需要在各种情绪体验中兴利除弊。一个不能真正认清自己的人，也不会真正认清他人。一个掌控自己内心世界的人，会活得更加坦然、快乐。

## 第二节　情绪释放：给负面情绪找个出口

### 丢掉坏情绪，做到浑然忘我

紧张是一种不良情绪，它会让我们时时处在不安中，以致无法做好任何事情。学着放松自己的心情，不要让外界因素影响到你，时时保持一种轻松的状态，我们做任何事情都会得心应手。学着让烦恼情绪过期，快乐的情绪自然会回到你的身边。

球王贝利刚刚入选巴西最著名的球队——桑托斯足球队时，曾经因为过度紧张而一夜未眠。他翻来覆去地想："那些著名球星会笑话我吗？万一发生那样尴尬的情形，我有脸回来见家人和朋友吗？"一种前所未有的怀疑和恐惧使贝利寝食不安。虽然自己是同龄人中的佼佼者，但烦恼使他情愿沉浸于希望，也不敢真正迈进渴求已久的现实。

最后，贝利终于身不由己地来到了桑托斯足球队，那种紧张和恐惧的心情，简直没法形容。"正式练球开始了，我吓得几乎快要瘫痪。"他就是这样走进一支著名球队的。原以为刚进球队只不过练练带球、传球什么的，然后便肯定会当板凳队员。

哪知第一次，教练就让他上场，还让他踢主力中锋。紧张的贝利半天没回过神来，双腿像长在别人身上似的，每次球滚到他身边，他都好像看见别人的拳头向他击来。在这样的情况下，他几乎是被硬逼着上场的。但当他迈开双腿，不顾一切地在场上奔跑起来时，他渐渐忘了是跟谁在踢球，甚至连自己的存在也忘了，只是习惯性地接球、盘球和传球。在快要结束训练时，他已经忘了桑托斯球队，以为又是在故乡的球场上练球了。

那些使他深感畏惧的足球明星，其实并没有一个人轻视他，而且对他相当友善。如果贝利一开始就相信自己，专心踢球，而不是无端地猜测和担心，就不必承受那么多的精神压力了。但是最后，他还是战胜了紧张，让紧张情绪迅速过期，重新找回了自己。

当紧张产生的时候，我们应先分析一下，这些问题是不是你生活中非常重要的问题？它们会产生哪些后果令你惊惧？这些思考有助于将紧张减少到最低程度，使你能够平和、冷静下来，应对所面对的难题。同时还应该试着把内心忧虑的事用笔全部记录下来，然后逐条检查，把不是很急切的事标记出来，先思考解决比较急迫的事，接着再慢慢想办法解决其他的问题。这样，不仅可以有条不紊地理清积压的难题，还能缓解紧张的情绪。

轻轻松松做人，简简单单生活，按照自身的喜好安排自己的生活，想想也没什么不好。金钱、功名、出人头地、飞黄腾达，这种人生是大多数人梦寐以求的。但如果为了获取这些，而让自己陷入烦恼之中，这就是我们的失败了。能不依附权势，不贪求金钱，无怨无争地生活，也是一种很惬意的人生。毕竟，我们用不着挖空心思去追逐名利，用不着留意别人看你的眼神，心灵没有锁链，快乐而自由，这样的生活岂不是更美好？

## 为情绪找一个出口

情绪的宣泄是平衡心理、保持和增进心理健康的重要方法。不良情绪来临时，我们不应一味控制与压抑，而应该用一种恰当的方式，给汹涌的情绪找一个适当的出口，让它从我们的身上流走。

在我们的生活中，可能会产生各种各样的情绪，情绪上的矛盾如果长期郁积心中，就会引起身心疾病。因而，我们要及时排解不良情绪。很多时候，只要把困扰我们的问题说出来，心情就会感到舒畅。我国古代，有许多人在他们遭到不幸时，常常赋诗抒发感情，这实际上也是使情绪得到正常宣泄的一种方式。

有人经过研究认为，在愤怒的情绪状态下，伴有血压升高的状况，这是正常的生理反应。如果怒气能适当地宣泄，紧张情绪就可以获得松弛，升高的血压也会降下来；如果怒气受到压抑，长期得不到发泄，那么紧张情绪得不到平定，血压也降不下来，持续过久，就有可能导致高血压。由此可见，情绪需要及时地宣泄。

尽管自控是控制情绪的最佳方式，但在实际生活中，始终以积极、乐观的心态去面对不顺心的外部刺激，是非常难做到的。所以，人们在控制情绪时常常综合应用忍耐和自控的方法，而且，为了顾及全局，暂时忍耐的方法用得更多。所以，尽管在面对不愉快时会努力做到自控，但往往并非能做到真正的洒脱，还需要检验个人的忍耐力。然而，每个人的忍耐力都是有极限的，当情绪上的烦躁、内心的痛苦达到一定程度，最终会非理性地爆发出来。所以，在实际生活中，不能一味地压抑情绪，要懂得适当地宣泄，为自己的负面情绪找一个"出口"，将内心的痛苦有意识地释放出来，避免不可控地爆发。

有天晚上，汉斯教授正准备睡觉，突然电话铃响了，汉斯教授接起了电话，他一听才知道电话是一个陌生妇女打来的，对方的第一句话就是："我恨透他了！""他是谁？"汉斯教授感到莫名其妙。"他是我的丈夫！"汉斯教授想，哦，打错电话了，就礼貌地告诉她："对不起，您打错了。"可是，这个妇女好像没听见，如竹桶倒豆子一般说个不停："我一天到晚照顾两个小孩，他还以为我在家里享福！有时候我想出去散散心，他也不让，可他自己天天晚上出去，说是有应酬，谁知道他干吗去了！"

尽管汉斯教授一再打断她的话，说不认识她，但她还是坚持把话说完了。最后，她喘了一口气，对汉斯教授说："对不起，我知道您不认识我，但是这些话在我心里憋了太长时间了，再不说出来我就要崩溃了。谢谢您能听我说这么多话。"原来汉斯教授充当了一个听筒。但是他转念一想，如果能挽救一个濒临精神崩溃的人，也算是做了一件好事。

这位陌生的妇女之所以选择了汉斯教授作为自己情绪的出口，就是因为彼此不认识，这名妇女能轻松地将自己的情绪倾倒出来，而不会引起恶性循环。

所以，我们要找到合适的发泄情绪的管道，当有怒气的时候，不要把怒气压在心里，对于情绪的宣泄，可采用如下几种方法：

1. 直接对刺激源发怒

如果发怒有利于澄清问题，具有积极性、有益性和合理性，就要当怒则怒。这不但可以释放自己的情绪，而且是一个人坚持原则、提倡正义的集中体现。

2. 借助他物发泄

把心中的悲痛、忧伤、郁闷、遗憾借助他物痛快淋漓地发泄出来，这不但能够充分地释放情绪，而且可以避免误解和冲突。

3. 学会倾诉

当遇到不愉快的事时，不要自己生闷气，把不良心境压抑在内心，而应当学会倾诉。

4. 高歌释放压力

音乐对治疗心理疾病具有特殊的作用，而音乐疗法主要是通过听不同的乐曲把人们从不同的不良情绪中解脱出来。除了听以外，自己唱也能起同样的作用。尤其高声歌唱，是排除紧张、舒缓情绪的有效手段。

5. 以静制动

当人的心情不好，产生不良情绪体验时，内心都十分激动、烦躁以致坐立不安，此时，可默默地侍花弄草，欣赏鸟语花香，或挥毫书画，垂钓河边。这种看似与排除不良情绪无关的行为恰是一种以静制动的独特的宣泄方式，它是以清静雅致的态度平息心头怒气，从而排除沉重的压抑。

6. 哭泣

哭泣可以释放人心中的压力，往往当一个人哭过之后，发现心情会舒畅很多。当然，宣泄也应采取适当的方式，一些诸如借助他人出气、将工作中的不顺心带回家中、让自己的不得意牵连到朋友等做法都不可取，于己于人都不利。与其把满腔怒火闷在心中，伤了自己，不如找个合适的出口，让自己更快乐。

## 不要刻意压制情绪

马太定律指的是好的越好、坏的越坏、多的越多、少的越少的一种现象。最初，它被人们用来解释一种社会现象，例如，社会总是对已经成名的人给予更多的荣誉，而那些还没有出名的人，即使他们已经做出了不少贡献，也往往无人问津。

其实，这一定律同样适用于人的情绪。也就是说，那些快乐的人会越来越快乐；相对应地，那些压抑的人总是感到越来越压抑。我们经常会看到这样一些人，他们总是抱怨自己人生的不如意，并由此产生了一系列的压抑情绪的心理问题。

心理学研究表明，情绪需要的是疏导而不是压抑，要勇敢地表达自己的情绪，而非拼命地压制。当你大胆地表达出你的真实情感时，目标将有可能实现，反则将事与愿违。

白雪是一个很美丽的女子，老公是她的初恋，因为爱，她一直都在迁就他。从大学恋爱到结婚，一直如此。而他，则有着别人不能反抗、永远是他对你错的嚣张气焰。他不喜欢她出去工作，她就得放弃工作在家带孩子。他不喜欢她的朋友，她就乖乖地一个朋友都不见，渐渐失去了一切朋友。每当他心情不好时，她都对他百般迁就与迎合，希望老公在自己的关爱与包容下，情绪会有所改善。可是，日子一天天过去，他的脾气非但没有改善，反而愈演愈烈。在她稍稍不听话的时候，得到的就是一顿狂风暴雨式的武力伺候。

她纵然有一千个想法，也从来不敢表达。她努力地迎合公公婆婆，得到的却永远是冷漠。她不敢对老公说让公公婆婆搬走另住，只好继续默默承受着除了丈夫之外的公公婆婆的冷暴力。

她从此很少说话，保持着令人崩溃的沉默，把一切放在心里。但却不曾料到，在这样的环境中，小时候非常活泼可爱的女儿居然也学会了迎合她的情绪。看到白雪哭的时候，她会安慰妈妈，唱歌给妈妈听，说老师夸奖她之类的话，其实白雪知道老师并没有表扬她。孩子在学校非常的自闭，没有朋友，常常一个人呆呆地不说话。这让白雪非常揪心。

9年的婚姻，9年的迎合，她从一个活泼快乐的公主变成了一个深度抑郁的女人，还影响到孩子的成长。虽然跟双方的性格有关，但更是她一味迎合、纵容的结果。

白雪一味地将自己的情绪压抑下来，其实对她的婚姻一点儿好处都没有。我们常说不敢表达自己真实想法的人是怯弱的，一个人如果连自己的所思所想都不敢让别人知道，别人又怎敢相信他。所以不要压抑自己的真实想法与情绪，当自己想表达某种情绪时，就要勇敢地表达出来。

那么该如何排解自己的压抑情绪，让想法顺利地表达出来呢？我们通常可以采取以下几种方法：

1. 鼓励自己，给自己勇气

缺乏信心是我们不敢表露真实情绪的一个原因，由于在乎对方的看法或情感，于是我们开始压抑自认为不利于双方关系的情绪。

这个时候，我们需要给自己勇气，告诉自己即使对方不认可也没有关系，心里也会觉得坦然，情绪也就很自然地表露出来了。

2. 情绪表达要平缓

情绪即使再激烈，也可以选择一种相对轻缓的方式来表达。否则很容易遭到对方的情绪反抗，沟通也就不能再继续进行了。

我们要试着对别人说"我现在很生气……"，而不是用各种激烈的指责或行动来表达生气，情绪是可以"说出来"的。

3. 学会拒绝别人

在某些时候，如果你想拒绝别人，也要大胆地表达出来。但是拒绝是讲究技巧的，太直率的拒绝可能会影响双方的关系。在拒绝对方的时候，要考虑到对方的心理感受，可以肯定而委婉地告诉他你没法答应，并表达你的歉意。

### 4. 学会赞美与肯定

赞美是一种有效的人际交往技巧，能在短时间内拉近人与人之间的距离，消除戒备心理。每个人都渴望听到赞美和肯定的话，真诚的欣赏与赞扬，会使你的人际关系更加和谐，也便于你顺利表达自己的想法。

水库的水位超过警戒线时，水库就必须做调节性泄洪，否则会危害到堤坝的安全。倘若此时不但没有泄洪，反而又不断进水时，堤坝就会崩塌。人的情绪也是一样，当需要表达的时候，请先勇敢地迈出沟通的第一步。

## 第三节　情绪选择：让积极情绪成为性格的一部分

### 任何时候都要看到希望

人最宝贵的东西是生命，生命对于每个人只有一次，而且，每个人的生命都是父母生命的延续，因此，任何人都没有任何理由轻视自己的生命。

在生活中，很多人都常常有一时冲动的心理现象，冲动是在理性不完整的状况下的心理状态和随之而来的一系列行为，也属于意志脆弱的一种表现。

有的年轻人因为父母或者他人的一句话或一些不如意的事情就产生了自杀的念头。有的是在工作与事业上受到挫折而心灰意冷，便没有勇气活下去。还有一些人往往自杀未遂，而留下了终生的遗憾。

李大钊说："求乐的人生观，才是自然的人生观、真实的人生观。"

约翰是一家公司的销售主管,他的心情总是很好。当有人问他近况如何时,他回答:"我快乐无比。"

如果哪位同事心情不好,他就会告诉对方怎么去看事物好的一面。他说:"每天早上,我一醒来就对自己说,约翰,你今天有两种选择,你可以选择心情愉快,也可以选择心情不好,我选择心情愉快。每次有坏事情发生,我可以选择成为一个受害者,也可以选择从中学些东西,我选择后者。人生就是选择,你要学会选择如何去面对各种处境。归根结底,由你自己来选择如何面对人生。"

有一天,他被三个持枪的歹徒拦住了,歹徒朝他开了枪。

幸运的是发现较早,约翰被送进了急诊室,经过18个小时的抢救和几个星期的精心治疗,约翰出院了,只是仍有小部分弹片留在他体内。

6个月后,他的一位朋友见到了他。朋友问他近况如何,他说:"我快乐无比。想不想看看我的伤疤?"朋友看了伤疤,然后问当时他想了些什么。约翰答道:"当我躺在地上时,我对自己说有两个选择:一是死,一是活。我选择了活。医护人员都很好,他们告诉我,我会好的。但在他们把我推进急诊室后,我从他们的眼神中读到了'他是个死人'。我知道我需要采取一些行动。"

"你采取了什么行动?"朋友问。

约翰说:"有个护士大声问我对什么东西过敏。我马上答'有的'。这时,所有的医生、护士都停下来等我说下去。我深深吸了一口气，然后大声吼道：'子弹！'在一片大笑声中，我又说道：'请把我当活人来医，而不是死人。'"

约翰就这样活了下来。

人生在世，我们根本就无法做到事事顺心，总会碰到这样或那样的困难。只有那些在逆境中不心灰意冷，积极乐观的人，才能战胜困难，享受胜利的喜悦，否则，便会被困难压倒。因此，当我们遇到事情后，一定要摒弃消极悲观的想法，选择积极乐观的想法，学会快乐。这样，你的生活才会充满阳光，才会活得轻松、惬意。

杂志撰稿人鲁斯知道自己身患重病是在五年前，当时，他去买人寿保险，做心电图发现冠状动脉有阻塞症状之后遭到保险公司的拒绝。保险公司的医生说，他只能再活一年半，而且必须辞掉杂志撰稿人的工作，也不能参加任何体育活动。那时，他才37岁。

鲁斯不愿放弃自己生龙活虎的生活方式，下决心找其他办法活下去，他想通过锻炼保持心脏的健康。同时，他又为自己制订了一个大胆的治疗方案。他服用大量的维生素C，再对自己实行一种"幽默疗法"——连着看大量的喜剧片，读著名作家写的滑稽作品。他后来说："我很高兴地发现，捧腹大笑10分钟就能起到麻醉作用，使我至少能够不觉得疼痛地睡上两个小时。"

到现在为止，五年过去了，他还活着。

鲁斯现在认为，紧张和压力之类的消极力量会使身体虚弱，而快乐、信心、欢笑、希望等积极乐观的力量会使身体强壮。"倘若我们战胜沮丧的乐观情绪的力量不能在身体里引起生物化学上的积极变化,我是绝不相信的。"鲁斯说,"我们能够想办法让自己活下去。每当犯病去医院的时候,院长和治心脏病的专家都在等着我。我说:'没事,各位别紧张。我希望你们了解,我是到你们医院来过的最顽强的病人。'"

鲁斯从经验当中得出一个信念:乐观的心情比药物还有用。他说,这一点应当引起医疗专家的重视。"如果乐观情绪本身能够起到治疗作用的话,就不应该忽略,而要当成所有疗法的一个组成部分。"

情绪也是一种力量,它是一种源于人的内心的力量,我们绝不能忽视乐观情绪的力量,它不仅仅能帮助你建立一个好的心态,在坚强的意志的帮助下,它甚至可以挽救一个人的生命。

## 变被动为主动

学会主动,你就等于抓住了先机。

在波涛汹涌的大海中,有一艘船在波峰浪谷里颠簸。一位年轻的水手爬向高处去调整风帆的方向,他向上爬时犯了一个错误——低头向下看了一眼。

浪高风急顿时使他恐惧,腿开始发抖,身体失去了平衡。这时,一位老水手在下面喊:"向上看,孩子,向上看!"这个年轻的水手按他说的去做,重新获得了平衡,终于将风帆调好。船驶向了预定的航线,躲过了一场灭顶的灾难。

不要被动地接受外界给你造成的压力,要学会主动反击,这样,你就会发现很多事情都会有转机。换一下位置,寻找对自己最有利的一面,从多个角度去分析事物、看待事物。其实很多时候,换个角度,就是多给自己一些信心,多为自己创造一些机会。

在她的职业生涯中,每一步都是组织上安排的,自己并没有什么自主权。但在每一个岗位上,她都有自己的选择,那就是要比别人做得更好。

大学毕业那年,她被分到英国大使馆做接线员。在很多人眼里,接线员是一个很没出息的工作,然而任小萍在这个普通的工作岗位上做出了不平凡的业绩。她把使馆所有人的名字、电话、工作范围甚至连他们家属的名字都背得滚瓜烂熟。当有些打电话的人不知道该找谁时,她就会多问几句,尽量帮他(她)准确地找到要找的人。慢慢地,使馆人员有事外出时并不告诉他们的翻译,只是给她打电话,告诉她谁会来电话、请转告什么,等等。不久,有很多公事、私事也开始委托她通知,她成了全面负责的留言点、大秘书。

我们无法选择最开始的路,但我们可以选择轻松行走。

主动是一种很重要的姿态,表明我们积极对待问题的态度;主动也是一种高度合作的模式,帮助我们成为别人喜欢的合作伙伴;主动是很好的学习模式,让我们在不断的进取中塑造新能力;主动也是对自己的一种挑战,因为主动承揽而使得自己有更明确的责任去整合资源、实现承诺。因此,主动往往是领导者或者魅力者的基本条件之一。

## 幽默，情绪中的"开心果"

　　生活中需要幽默，幽默是高情商的表现，它更是管理自我情绪应具备的心态。幽默，是情绪的开心果；幽默，可缓解矛盾，调节心情，促使心理处于相对平衡状态。著名的喜剧大师卓别林曾说："通过幽默，我们在貌似正常的现象中看出了不正常的现象，在貌似重要的事物中看出了不重要的事物。"

　　生活中的你，是整天一副严肃的表情，还是常能于妙趣横生中化干戈为玉帛呢？幽默并不仅仅是单纯说笑，它还是一种智慧的迸发、善良的表达，是交往的润滑剂，更是一种胸怀和境界。幽默不仅能增加你和他人之间的友谊，更能使一些误解得到消除。幽默就像阳光一样，可以使这个世界变得温暖明媚。

　　幽默的人生是乐趣无穷的人生。学会和善于运用幽默，会令我们的工作、生活更为丰富和快乐。幽默的方式方法有多种，从其性质来看，有滑稽的、荒谬的，有协调的，有出人意料的，有戏谑、诙谐、反讽、挖苦等。需要强调的是，运用幽默时，要考虑场合和对象。一般情况下，在日常社交场合中，可多用幽默；在学术性或政治性交往活动中则要慎用幽默，应注意不适当的幽默会削弱听众对主题的注意；对待敌人、恶人则要用讽刺性幽默。

　　一位年轻的画家拜访德国著名的画家阿道夫·门采尔，向他诉苦说："我真不明白，为什么我画一幅画只用一会儿工夫，可卖出去却要整整一年。""请倒过来试试吧，亲爱的。"门采尔认真地说,"要是你花一年的工夫去画它,那么只用一天,准能卖掉它。"那个画家笑了。

门采尔对画家所说的话不仅让那个画家不那么郁闷,而且幽默中蕴含深刻的哲理,让人们在笑声中增长智慧。

幽默在日常生活中是很重要的,它充当着调味剂,让我们的生活更加有滋有味。它能使严肃、紧张的气氛顿时变得轻松、活泼,它能让人感受到说话人的温厚和善意,使其观点变得很容易让人接受。

真正的幽默是充满智慧的。在日常生活中,常有人由于不慎而使我们身处窘境,或是向我们提一些非分的请求,或是问一些我们不好回答或暂时不知道答案的问题。此时,我们如果直接表明"不满意""不可能"或"无可奉告""不知道",往往会给彼此带来不快。如果我们想从窘境中脱身,不妨借用幽默的力量。

有一次,萧伯纳为庆贺自己的新剧本演出,特发电报邀请丘吉尔看戏:"今特为阁下预留戏票数张,敬请光临指教。并欢迎你带友人来——如果你还有朋友。"丘吉尔看到后立即复电:"本人因故不能参加首场公演,拟参加第二场公演——如果你的剧本能公演两场。"丘吉尔善用幽默的特点由此可见一斑。

不仅在生活中如此,即便是在政治上,丘吉尔也能够将这种智慧应用自如。丘吉尔有一个习惯,洗澡后裸着身体在浴室里来回踱步以休息。

二战期间,一次,丘吉尔来到白宫,要求美国给予军事援助。当他正在白宫的浴室里光着身子踱步时,有人敲浴室的门。"进来吧，进来吧。"他大声喊道。

门一打开，出现在门口的是罗斯福。他看到丘吉尔一丝不挂，便转身想退出去。"进来吧，总统先生。"丘吉尔伸出双臂，大声呼喊，"大不列颠的首相是没有什么东西需要对美国总统隐瞒的。"看到此景的罗斯福会心一笑，也被丘吉尔的机智幽默所折服。

正是通过这样直白坦率而又幽默的方式，丘吉尔最终赢得了美国总统的信任，让美国和英国结为同盟，从而帮助自己的国家走出了困境。丘吉尔的幽默是一种智慧的力量。

然而，幽默并非天生就有，而是需要自己用心培养。幽默不是油腔滑调，也非嘲笑或讽刺。正如有位名人所言：浮躁难以幽默，装腔作势难以幽默，钻牛角尖难以幽默，捉襟见肘难以幽默，迟钝笨拙难以幽默，只有从容、平等待人、超脱、游刃有余、聪明，才能幽默。

## 热情帮你战胜一切

美国哲学家、散文家及诗人拉尔夫·沃尔德·爱默生说过："没有热情，任何伟大的业绩都不可能成功。"对成功不利的所有因素，如迷惑、失望、恐惧、消极、颓废、猜忌、犹豫等都是由缺少激情而引起的，这些因素的存在使我们未老先衰、止步不前；而由热情带来的希望、果断、积极、主动、兴奋等，则可以使我们获得与困难搏斗的勇气和向目标迈进的力量。

心理学家把以下问题列入人生失败的主要原因之中：

习惯处于消极的精神状态;

缺乏控制激情的能力;

不能坚定地达到目的并保护它;

没有超凡脱俗的"野心";

缺乏善始善终的决心。

热情是我们事业成功和生活幸福的源泉。热情给我们以智慧,比尔·盖茨说:"每天早晨醒来,一想到所从事的工作和所开发的技术将会给人类生活带来巨大的影响和变化,我就会无比兴奋和激动。"

热情给我们以灵感,牛顿从司空见惯的苹果落地现象发现了万有引力定律。

热情给我们以力量,贝多芬在耳朵失聪的情况下奏响美妙的乐章。

热情能使我们更加努力、更加快乐地去工作,享受工作的乐趣!

每个人内心深处都有像火一样的热情,却很少有人能将自己的热情释放出来,大部分人都习惯于将自己的热情埋藏在内心深处。

如果不能使自己的全部身心都投入工作中去,那么你无论做什么工作,都只能沦为平庸之辈,做事马马虎虎,只有在平平淡淡中了却此生。如果是这样,你的人生结局将和千百万的平庸之辈一样。

第二次世界大战期间,与法西斯主义势不两立的美国女记者多萝西·汤普森将她的报纸专栏作为打击希特勒政权的武器。她的专栏文章由报业辛迪加向150家报纸发稿，那些富有洞察力又注入了丰富感情的政治评论，使得同行们充满理性的专栏文章黯然失色。1940年，她的读者高达700万人。

满怀激情地工作成就了汤普森。在职场上，这种激情创造成功的范例还有许多。我们的生命，一半是给工作的，如果我们缺乏对工作的激情，工作就会变成无休无止的苦役，这是一件非常可怕的事情。正如加缪描写的古希腊神话中的西西弗斯的境遇：他不停地把一块巨石推上山顶，而石头由于自身的重量又滚下山去，再也没有比进行这种无效无望的劳动更严厉的惩罚了。然而，倘若我们真的处在这样的命运之中，尽管可以找到怨天尤人的理由，但是，有一点必须指出的是，我们自己应对困境负主要的责任。我们往往把工作当成赚钱的手段，很少把它与实现快乐的途径联系在一起，因而对待工作的态度也常常以金钱的多少为衡量标准。

露西大学毕业后到一家创办不久的文化公司从事展销业务，本来展览经济是一个新的增长点，在这一行里有许多美好前景可以开拓，但初创阶段公司的业务并不是很好，露西的工资要比一同毕业的同学少一半。收入上的差距使她心理不平衡，她开始私下寻找跳槽的机会。结果，不仅跳槽不成，她在公司第二年的竞聘上岗中也落聘了。

这山望着那山高，露西的致命伤在于她丧失了上进的动力和兴趣，从而阻碍了自己的发展。其实工作的成就感绝不只是靠金钱得到的，把收入看淡一点，从工作中发现兴趣，远比盲目地另找一份工作要实际。

对自己的工作热情的人，不论工作有多少困难，或需要多少的努力，始终会用不急不躁的态度去进行，而且一定能够出色地完成任务。爱默生说过："有史以来，没有任何一项伟大的事业不是因为热情而成功的。"

同样一份工作，同样由你来干，有热情和没有热情，结果是截然不同的。前者使你变得有活力，把工作干得有声有色，创造出许多不凡的业绩，使老板对你刮目相看；而后者使你变得懒散，对工作冷漠处之，当然就不会有什么成绩，你的潜在能力也自然得不到施展。

你不关心工作，老板也不会关心你；你自己垂头丧气，老板自然对你丧失信心。一旦成为企业里可有可无的人，也就等于失去了自己继续从事这份工作的资格。

而对工作充满热情的人，不但可以提升自己的工作业绩，而且还可以为自己带来许多意想不到的成果。

成功是热情投入的产物，有些人热爱工作几乎达到了废寝忘食的地步，因为工作给其以成就感，工作令其兴奋、令其感到生命的充实。也正是因为这样，他们才能在工作中不断发展自我、获取新知，达到成功的新境界。

Chapter 3

第三章

**击溃负面情绪，别让情绪失控毁了你**

## 第一节　控制愤怒：不生气也是种本事

### 爆发的愤怒是一座火山

愤怒是一座活火山，它爆发的时候，会将一切美好化为灰烬。

生活中，常有这样那样的事令我们心生愤怒，而在我们火冒三丈的时候，伤害的不仅是别人，更是我们自己。世间万物，危害健康最甚者，莫过于怒气，"气"乃一生之主宰，与人体健康关系甚密。若"心不爽，气不顺"，必将破坏机体平衡，导致各部分器官功能紊乱，从而诱发各种疾病和灾难。所以，《黄帝内经》就明确指出："百病生于气矣。"

生气和发怒是身心健康的最大障碍。

控制自己的情绪，并冷静地应对一切，这是控制人性中不良因素的体现。为小事动怒、为小事发狂是我们很多人都会犯的毛病。遇事不能冷静思考，而是一味地发怒，并不能将问题很好地解决。

当你遇到不愉快的事情时，请先冷静下来。你必须承认生活是不公正的，任何人都不是完美的，任何事情都不会完全按照计划进行。

人经常不能控制自己的怒气，为了生活中大大小小的事情勃然大怒或者愤愤不平，愤怒由对客观现实某些方面不满而生成，比如遭到失败、遇到不平、个人自由受限制、言论遭人反对、无端受人侮辱、隐私被人揭穿、上当受骗等多种情形下人都会产生愤怒情绪。表面看起来这是由于自己的利益受到侵害或者被人攻击和排斥而激发的自尊行为。其实，用愤怒的情绪困扰灵魂，乃是一种自我伤害。

对身体健康的伤害只是其中一个方面，愤怒对于灵魂的摧残尤为严重。由灵魂而生的愤怒情绪，又回过头来伤害灵魂本身，让灵魂变得躁动不安，失去原有的宁静，浪费自己的精力和时间，这是灵魂的一种自戕。

古代的皮索恩是一个品德高尚、受人尊敬的军事领袖。一次，一个士兵侦察回来，当皮索恩问和他一起去的另一个士兵去哪儿了时，这个士兵支吾了半天，也没能说清楚另一个士兵的下落。皮索恩对此感到愤怒极了，当即决定处死这个士兵。

就在这个士兵被带到绞刑架前即将动刑时，那个失踪的士兵回来了。这本来是一件令人喜悦的事情，但这位受人尊敬的领袖却不这样认为，他认为这是不能容忍的事情，令他颜面扫地，羞愧让他更加暴怒，最终结果十分让人痛心，他竟处死了3个人。

在这位军事领袖的身上,令人遗憾和痛心地表现出了愤怒摧毁理智的现象。而理智正是灵魂的高贵所在,如果人们任由灵魂自我伤害而不进行干预,这种无动于衷该有多么地悲哀。

正如思想家蒲柏所说:"愤怒是由于别人的过错而惩罚自己。"文学家托尔斯泰也说:"愤怒对别人有害,但愤怒时受害最深者乃是本人。"

我们愤怒于别人的言行,让愤怒占据了大部分的灵魂空间,灵魂负载着重担,再无法关照自身,更不能得到任何形式的提升,反而在愤怒情绪的支配下更加容易丧失理智,甚至于越来越远离人的高贵,接近于动物的蒙昧和愚蠢。

结果,导致我们愤怒的人与事依然故我,他们继续做着错的事。

结果,因为愤怒,导致我们无法专注于眼前的工作,没能很好地履行自己的职责。

结果,我们只顾着愤怒,而无暇体验生命中的美和善。

折磨我们的是自己的愤怒情绪,而非别人的一些令人愤怒的行为。控制自己的愤怒情绪,从而避免让灵魂受到伤害,是完全在我们的能力范围之内的。

做人做事过于情绪化表明这个人心智还不够成熟。当你怒火中烧的时候,一定要克制自己的情绪。当你被愤怒控制,处于激动之中,会做出许多让你懊悔的事情。所以,为了避免被嫉妒、愤怒等不良情绪控制,我们要学会控制自己的情绪。

## 平和心灵助你平息愤怒情绪

生活中，我们通常会遇到一些令我们感到不能容忍的事情，比如遇到恶意的指控，无端的陷害，好心好意被人误解，等等。如果因为这些而大动肝火只会让事情越来越不可收拾。所以，生活中，只有能调控自己脾气的人才是脾气真正的主人。然而，稍一放纵，你的脾气就可能战胜你。

在20世纪60年代早期的美国，有一位很有才华、曾经做过大学校长的人，竞选美国中西部某州的议会议员。此人资历很高，又精明能干、博学多识，看起来很有希望赢得选举的胜利。

但是，在选举的中期，有一个很小的谣言散布开来：三四年前，在该州首府举行的一次教育大会中，他跟一位年轻女教师有那么一点暧昧的行为。这实在是一个弥天大谎，这位候选人对此感到非常愤怒，并尽力想要为自己辩解。由于按捺不住对这一恶毒谣言的怒火，在以后的每一次集会中，他都要站起来极力澄清事实，证明自己的清白。

其实，大部分的选民根本没有听到过这件事，但是，现在人们却愈来愈相信有那么一回事，真是愈抹愈黑。公众们振振有词地反问："如果你真是无辜的，为什么要百般为自己狡辩呢？"如此火上加油，这位候选人的情绪变得更坏，也更加气急败坏、声嘶力竭地在各种场合为自己洗刷，谴责谣言的传播。然而，这却更使人们对谣言信以为真。最悲哀的是，连他的太太也开始相信谣言，夫妻之间的亲密关系被破坏殆尽。最后他失败了，从此一蹶不振。

曾经在战场所向披靡的拿破仑说过："我就是胜不了我的脾气。"可见，人往往很难战胜自己的脾气，在怒火中烧、一触即发的时刻，是否会想到"脾气来了，福气就没了"的道理。

脾气暴躁的人，容易迁怒周遭所有的人、事、物，这是自古而然的，所以孔子才会称赞颜回："不迁怒，不贰过！"

约翰·米尔顿说过这样一句话："一个人如果能够控制自己的激情、欲望和恐惧，那他就胜过国王。"是的，如果我们能控制住自己的情绪，事情或许就会有另外一种结果。

莱蒙是一个牛奶供应商。一天，店里的职员因为家里有事，需要请假，莱蒙只得自己负责外送牛奶。

忙碌了一天，莱蒙关上店门刚要离开，突然接到一个电话，是附近公寓的客人打来的，说要一箱巧克力味的牛奶，问还能不能送。莱蒙心想反正也没什么事，就答应了。

这是一栋老式公寓，没有电梯。莱蒙扛着一箱牛奶爬了6层楼，气喘吁吁地按响了客人家的门铃。开门的是一位老妇人。老妇人看着莱蒙问道："你来这里做什么呢？"莱蒙看了看手表，笑容可掬地回答："送牛奶，你在二十分钟前订了一箱巧克力味的牛奶。""哦，年轻人，你肯定是弄错了，我没有订过牛奶。"老妇人很肯定地回答。

莱蒙有些迷糊了，但他确信自己并没有记错，于是向老妇人说了一下具体地址，老妇人肯定了地址是没错，但就是坚持说自已没订牛奶。莱蒙没有办法，又觉得没有必要和老人家有什么争辩，于是道歉离开了。

刚下楼，莱蒙的电话又响了，还是刚才的那个电话，还是要巧克力味的牛奶。这次，莱蒙很仔细地再三确定了客人的地址，他说道："请问您是布里特太太吗？""是的，我是。""那好，我现在马上给您送过去。"莱蒙挂了电话又一层一层地爬到了六楼，此时，他的衣服都已经被汗水湿透了。

莱蒙很有礼貌地按响了同一个门铃。老妇人笑着打开了门，说道："年轻人，我就是布里特太太，谢谢你肯再跑一趟。"

莱蒙并没有追究那个"再"字，而是很真诚地说道："应该的，是我的原因，如果我再确认一下，可能您就记起来了，不好意思，让您又打了一遍电话，还等了这么久。"

布里特太太感动极了，她说："我之前订过其他家的牛奶，他们都是来了一次就不愿再来了，因为楼层太高，实在是不方便。我刚才是为了考验一下你，请不要介意。"

莱蒙听了，立刻谅解了老人，他说："请您放心，我一定随叫随到，如果您一时间喝不了这么多，我可以分几次给您送。"

就是因为莱蒙的这一句话，整个老年公寓的牛奶都由莱蒙专供了，赢利十分可观。

能够控制自我情绪是人与动物的最大区别之一。脾气的好坏，全在自己。只要懂得克制，脾气这匹烈马就会被紧紧牵住，无法脱缰。但克制只是治标不治本的方法，真正的良药在于拥有平和的心灵，只有平和才是脾气最好的转换器。

学会调节自我情绪，不要等一切都无法挽回的时候，再懊恼自己当时的所作所为。

## 愤怒，是安宁生活的阴影

有一个重要的谈判正在等着你，可交通比平时还要拥堵，车子几乎走不动，你连等了6个红绿灯，终于，你要开过去了，突然一辆卡车闯到你的前面，你狂按喇叭，那个司机回敬你一丝嘲笑，然后加大油门，飞驰而去。

在超市排队结账时，一个女顾客推着装得满满的购物车插队在你前面，你跟她理论。她却对你不理不睬，紧接着，她强壮的男朋友出现了。

你为了一个至关重要的项目辛苦几个月，而你懒散的同事却得到了提升，你的同事不仅没有对你表示感谢，还在背后嘲笑你。

遇到这些情况，相信你一定会大为光火，如果是这样，就说明愤怒的情绪已经影响到了你的生活。

如果我们的心中存在不满，就总想找地方发泄，而最为直接的发泄方式就是发脾气。很多人认为，发脾气是最好的发泄方式，因为如果事情一直憋在心里，很容易憋出病来。如果宣泄出去了，心里就得到了放松，情绪上也会趋向平稳了。可是这样的说法是错误的。因为我们每个人都是相互影响的，一个人的怒火在发脾气中得到了释放，那么必定会有其他人受了这种不良情绪的影响，身心都受到了委屈。如果每个人都选择用发脾气的方式来宣泄自己，那么这个世界恐怕再无和平和安宁了。

一个公司老板因急于赶时间去公司，结果闯了两个红灯，被警察扣了驾驶执照。他感到十分沮丧和愤怒。他抱怨说："今天真倒霉！"

到了办公室，他把秘书叫进来问道："我给你的那五封信打好了没有？"她回答说："没有。我……"

老板立刻火冒三丈，指责秘书说："不要找任何借口！我要你赶快打好这些信。如果你办不到，我就交给别人，虽然你在这儿干了3年，但并不表示你将终生受雇！"

秘书用力关上老板的门出来，抱怨说："真是糟透了！3年来，我一直尽力做好这份工作，经常加班加点，现在就因为我无法同时做好两件事，就恐吓要辞退我，真是过分！"

秘书回家后仍然在发怒。她进了屋，看到8岁的孩子正躺着看电视，短裤上破了一个大洞。愤怒之下，她嚷道："我告诉你多少次了，放学后不要到处乱跑，你就是不听。现在你给我回房间去，晚饭也别吃了。以后3个星期内不准你看电视！"

8岁的儿子一边走出客厅一边说："真是莫名其妙！妈妈也不给我机会解释到底发生了什么事，就冲我发火。"就在这时，他的猫走到面前。小孩狠狠地踢了猫一脚，骂道："给我滚出去！你这只该死的臭猫！"

从这个故事中我们看出，本来是一个人的愤怒，可是经过了多番的传递，最后竟然将怒气转嫁到了猫的身上。这只猫没有办法像人类一样发泄自己的不满，否则这样的情绪传递估计就没有尽头了。所以，在面对自己的不良情绪时，要尽可能地想办法控制，而不是直接发泄出去。

当然，这里说的"控制"，不是说让你有什么事情都不说，有什么委屈都不去反抗，而是将大事化小，小事化无。试想，我们每天都会面对很多人，经历很多事情，如果别人不小心踩了自己一下，就觉得受到了莫大的委屈，之后就要发脾气，那不是太不值得了吗？

既然我们每个人都能影响别人和受别人影响，那么我们何不放下心中的怒火，给别人一片安宁呢？这样，我们从别人那里得到的，也将是一片安宁。

## 不要被怒火冲昏头脑

常言道：忍一忍，风平浪静；退一步，海阔天空。不必为一些小事而斤斤计较。人们不提倡无原则的让步，但有些事也没必要"火上浇油"，那只会使事情更糟，只会破坏你跟别人的感情。

有一家电脑公司，赶了一批货交给一家新开发的客户，交货之后，却迟迟不见客户将货款汇来。等了两个星期后，老板亲自到客户的公司拜访。老板在该公司等了很长一段时间之后，得到一张可立即兑现的现金支票。

老板拿着现金支票赶到银行，但是柜台小姐告诉他，这个账户内的存款不足，他的支票根本无法兑现。老板明白是那个客户故意耍诈，想刁难他，原本他想立刻冲回客户的公司和他大吵一架。但是，这个老板一向秉持着"和气生财"的经营原则，所以他压下自己的怒气，向银行的柜台小姐询问这张支票之所以无法兑现，到底差了多少钱。由于老板的态度很诚恳，柜台小姐也很热心地帮他查询。查询的结果是，户头内只剩下98000元，跟他的支票金额只差2000元。

正如老板所料，这个客户是存心和他过不去。老板灵机一动，从身上拿出2000元，请柜台小姐帮他存到客户的账号里，补足支票的面额10万元后，他就顺利地领到货款了。

其实，这位老板完全可以理直气壮、怒气冲冲地跑到客户的公司去抱怨，但是他没有这么做。因为他知道，要是他这么做，不但浪费自己的时间，而且会因此永远失去这个客户。所以，他把时间花在解决问题上，而不是用来制造新的问题，用理智而不是情绪去处理问题。

想要很好地控制自己的情绪，可以从以下几个方面入手：

1. 深呼吸

从生理上看，愤怒需要消耗大量的能量，你的头脑此时处于一种极度兴奋的状态，心跳加快，血液流动加速，这一切都要求有大量的氧气补充。深呼吸后，氧气的补充会使你的躯体处于一种平衡的状态，情绪会得到一定程度的抑制。虽然你仍然处于兴奋状态，但你已有了一定的自控能力，数次深呼吸可使你逐渐平静下来。

2. 理智分析

你将要发怒时，心里快速想一下：对方的目的何在？他也许是无意中说错了话，也许是存心想激怒别人。无论哪种情况，你都不能发怒。如果是前者，发怒会使你失去一位好朋友；如果是后者，发怒正是对方所希望的，他就是要故意毁坏你的形象，你偏不让他得逞！这样稍加分析，你就会很快控制住自己。

3. 寻找共同点

虽然对方在这个问题上与你意见不同，但在别的方面你们是有共同点的。你们可搁置争议，先就共同点进行合作。

4. 回想美好时光

想一想你们过去亲密合作时的愉快时光，也可回忆自己的得意之事，使自己的心情放松下来。如果你仅仅因为一个信仰上的差异而想动怒，不妨把思绪带到一个令人愉快的天地里：美丽的海滩、柔和的阳光、广阔的大海……你会觉得，人生是如此美好，大自然是如此包罗万象，人也应该有它那样的博大胸怀，不能执着于蝇头小利……想到这些，你就容易克制自己的怒气了。

在怒火中放纵，无异于燃烧自己有限的生命。人生苦短，值得我们用心去品尝的东西实在太多，耗费时间和精力去生气，可以算是真正的愚行。其实，人生多一点豁达，多一点宽容，多一点感悟，多一点理性，愤怒的情绪便会像一杯清净的水，倒地化为虚无。

## 第二节　清除焦虑：你担心的事九成都不会发生

### 学会给自己减压

一位大企业的销售部经理，能力极强，也能适应高强度的工作。他老担心自己的行业会出现泡沫经济，一旦崩溃，优越的地位、收入将化为乌有；又担心自己已步入中年，那么多后生、小辈、新秀都生机勃勃，怎么保住自己的宝座啊？他整天忧心忡忡，似乎世界末日即将来临。

一名成绩平平的中学生，由于高考压力、早恋等，觉得自己快要垮了。他在日记中写道："人为什么要活着，活着能不能为自己……活着是为了别人……"

这些例子里的主人公都是低情商者，他们给自己压力使自己痛苦。其实压力和坏情绪都是自己给的。要随时给自己减压，人生才能真正轻松。

一个小女孩趴在窗台上,看窗外的人正埋葬她心爱的小狗,不禁泪流满面,悲痛不已。她的外祖父见状,连忙引她到另一个窗口,让她欣赏他的玫瑰花园。果然小女孩的心情顿时明朗。老人托起外孙女的下巴说:"孩子,你开错了窗户。"

女孩情绪低落是因为她开错了窗户。压力大、情绪低落,是因为你看到的都是压力和负面的东西,换一种思路,变一种视角,就会发现,原来压力都是自己营造的。

一位学者说:"当压力来临时,懂得减压的人才是高情商的人。"因此,要正确地看待压力,管理好自己的情绪。有很多人面对压力不是迎难而上,而是闹起了情绪,向别人抱怨、整天闷闷不乐。其实没有必要,你完全可以控制自己的情绪,把这些不必要的想法放在一边,集中精力做重要的事情,这样问题就会一点一点地解决。几乎所有的困难、挫折和不幸都会给人带来心理上的压力和情绪上的痛苦,都会使人面临前进与后退、奋起与消沉的困惑,而关键在于你是否能控制这种情绪,消除你心理上的压力。其实,只要做好自我调节,适当减压,摆正自己的位置,不过高要求自己,也不低估自己的能力,放宽心,多运动,就可以轻松生活。以下介绍几种减压的方法:

### 1. 音乐治疗

音乐具有安定情绪和抚慰的功效。想尽情地发泄一番,那就听一听摇滚乐吧!想理清一下思绪,那就听听古典音乐吧!买上一两张新碟,把自己关在房间里戴上耳机,你就可以尽情地沉浸在音乐的王国里了。

## 2. 影视治疗

看电影也是一个很不错的减压方法。有空去电影院看电影是很好的选择。如果觉得自己一肚子的委屈没有地方可以发泄，选一部悲剧片来看吧，或者在心情烦躁时去看一些喜剧片，"笑一笑，十年少"，压力，在笑声中会消失不见！

## 3. 户外活动

如果你实在感到压力无处不在，令你喘不过气来，那么选择周末去郊外活动活动吧，可以约上三两知己一起行动，一边互谈人生，大吐工作中的苦水，一边尽情地享受户外清新的空气和美丽的田园景色。让该死的压力滚到一边去吧。

## 4. 养宠物

回家后，让一只可爱的宠物帮助你忘却压力，这也是个不错的方法。科学家认为，养一只狗或是猫确实有好处。抚摸宠物会帮助你降低血压和减缓压力——对于人和动物都一样。当然，对某些人来说，养小猫小狗本身就是一种压力。如果你不喜欢宠物，也可以试着养一对金鱼。研究表明，仅仅是看着鱼在水草中游动，也能使人放松和减轻压力。

## 5. 开怀大笑

大笑会使人心脏、血压和肌肉的紧张感得到舒缓，从而分散压力。科学家已经发现，大笑具有与有氧健身法相同的功效。当人们笑的时候，其心跳、血压和肌肉的紧张度都会明显上升，接着会降至原先的水平之下。不要犹豫，笑会使人更加放松。

压力其实不是一种客观事实，而是一个主观感受。相同的事在不同的人眼中，会产生完全不同的感受。同样的事在同一个人身上，也可以随着环境、时间转变，而产生不同程度的压力。例如你第一次参加面试时，会紧张得气都喘不过来，但到了第十次、第二十次时，你不费吹灰之力就可以轻松应对了。

我们必须正确面对压力，如果我们学着了解自己的需要和能力，找到一些控制压力的方法，那么没有任何事可以让压力上身。

富兰克林·费尔德说过："成功与失败的分水岭可以用五个字来表达——我没有时间。"当你面对繁重的工作任务感到精神与心情特别紧张和压抑的时候，不妨抽一点时间出去散心、休息，直至感到心情比较轻松后，再回到工作中来，这时你会发现自己的工作效率特别高。紧张过度，不仅会导致严重的精神疾病，还会使美好的人生变得阴暗。只有舒缓紧张的情绪，放松自己的心灵之弦，才能在人生的道路上踏歌前进。

## 把焦虑情绪打包寄出去

焦虑是滋生无数罪孽和悲惨不幸的温床。在这个不确定的社会里，我们可能已经极度失望，挣扎在痛苦中寻求一些幸福的希望，那么为何还要纵容焦虑来扰乱我们的心灵？告别焦虑，你才能开创新生活。

形形色色的焦虑情绪充斥着人们的生活，它们像细菌一样侵蚀人们的灵魂和机体，妨碍人们的正常生活，影响人们的身心健康。所以，走向新生活，应该从拒绝焦虑开始。

古时候，残忍的将军要折磨他们的俘虏时，常常把俘虏的手脚绑起来，放在一个不停往下滴水的袋子下面，水滴着……滴着……夜以继日，最后，这些不停滴落在头上的水，变成好像是用槌子敲击的声音，使俘虏精神失常。这种折磨人的方法，以前西班牙宗教法庭和希特勒手下的德国集中营都曾经使用过。

焦虑就像不停往下滴的水，而那不停地往下滴的焦虑，通常会使人心神丧失，致使人生变得灰暗。

有一个已到知天命之年的老人刘宋玲得了一种怪病——她一听到"饿"字，马上就饿得前胸贴后背，即使两小时前她刚吃过饭。她一天吃十多顿饭，但依然感觉饥肠辘辘。

刘宋玲退休后不久，就陷入饥饿感中。"感到饿就吃，才吃一点马上就不饿了，过一会儿，又感到饿。"

刘宋玲说，随着时间的推移，饥饿感的频率和强度不断加强。"吃完饭不到两个小时，又饿得心慌，一听到别人说饿，马上就觉得自己腹中空空，就是晚上，也要爬起来吃上三四顿饭。"刘宋玲痛苦极了。

刘宋玲四处求医，有医生认为她患了胃溃疡，但检查结果是一切正常。日子一天天过去，刘宋玲的饥饿感越来越强烈，已经达到了只要别人一说"饿"字，她就会焦虑得"头发都竖立起来"的状态。她到心理医生那里看病时，还随身携带了大量的方便面、方便粉丝等食品，只要一饿，马上就吃，这一天她吃了13顿饭。

经过心理专家诊断，刘宋玲患的是非常严重的焦虑障碍，主要是对"饿"很敏感，产生了焦虑心理，这也与她一饿就吃，一吃就饱，每次食量只有一点点有关。

确诊后，心理卫生中心的专家用特殊治疗方案对她进行治疗。一周后，刘宋玲的饥饿感不再那么强烈；两周后，饥饿感得到初步缓解；到了第三周，刘宋玲和"饥寒交迫"的日子彻底拜拜了。

专家指出，这种病是心理原因所致，因此，保持一个良好的心态非常重要。

其实，你没有理由焦虑，因为痛苦和沮丧对你而言并不是一种甜蜜的享受。所以今天就下决心与焦虑决裂吧。彻底消除生活中的焦虑，会使你获得一种全新的感受。

战胜焦虑的方法之一是客观冷静地分析你所处的境遇，确定和估计一下可能发生的最糟糕的情况是什么。通过分析，会发现最坏的结果并没有糟到山崩地裂、地球爆炸的程度，而如果坏事一旦真的发生，你也可以承受它。有意思的是，我们预先担忧的事通常不会发生。就算不幸真的发生了，也往往没有预计中的那么可怕，损失也并不那么惨重。

其实大灾大祸在你身上发生的概率微乎其微，人们总是习惯花很多时间和精力去担忧也许永远也不会发生的事，其实这真是杞人忧天，完全没有必要。如果你能冷静接受你所遭遇的每一件事，你就没有必要去焦虑。

焦虑是摧毁一切的恶魔，走出焦虑，势在必行。学会去承受发生在你生活中的每一件事，是克服焦虑的最佳方法，要相信自己能够做到，因为你完全能够应对任何事情。

## 警惕社交焦虑症

在如今快节奏的现代生活中,社会交往日益增多,其成败往往直接影响着人们的升学就业、职位升降、事业发展、恋爱婚姻、名誉地位,因而使人承受着巨大的心理压力。人们由此产生焦虑情绪,造成心神不安、焦躁不安、严重影响其工作和生活。

患有社交焦虑症的人,对任何社交或公开场合都会感到恐惧或忧虑。患者对于在陌生人面前或可能被别人仔细观察的社交或表演场合,有一种显著且持久的恐惧,害怕自己的行为或紧张的表现会引起羞辱或难堪。有些患者对参加聚会、打电话、购物或询问权威人士都感到困难。

对于一般人来讲,参加聚会或活动等都会有轻微的紧张感,但这种紧张并不会影响实际交际。真正的社交症会导致无法承受的恐惧,严重的病例里,病患甚至会长时间把自己关在家里,孤立自己。这种病的患者害怕被人观察,害怕与人交往,更害怕在别人面前出洋相,因此总是处于焦虑状态。

我们大多数人在见到陌生人的时候多少会觉得紧张,这本是正常的反应,它可以提高我们的警惕性,有助于更快更好地了解对方。这种正常的紧张往往是短暂的,随着交往的加深,大多数人会逐渐放松,继而享受交往带来的乐趣。

然而,对于社交焦虑症患者来说,这种紧张不安和恐惧是一直存在的,而且不能通过任何方式得到缓解。每次与人交往时,这种紧张状态都会出现。紧张、恐惧远远超过了正常的程度，并表现为生理上的不适：干呕甚至呕吐。

一个不容忽视的方面是社交焦虑症的恶性循环。你和自己的知情人可能会说："既然知道患有社交焦虑症，避免参加社交活动不就行了？"

其实，你心里清楚没那么简单。我们可以给你解析一下你的恶性循环：害怕被人评价—缺乏社交技能—缺少社交强化—缺少社交经历—回避特定的场合—害怕被人评价。

由此可见，单纯回避可导致一系列的问题，如害怕被人评价，社交技能缺乏，而这种缺乏会导致回避行为的增加，进一步加重了社交焦虑症的症状。所以，单纯通过回避减轻病情只会导致病情越来越恶化。

对于社交焦虑症患者来说，只有积极地治疗才是对付社交焦虑症的最佳办法。一方面加强社交技能的学习和强化，另一方面可通过适当的药物治疗来帮助克服社交时由紧张、恐惧引起的身体不适，逐渐形成一个良性循环。对治疗，既不要急于求成，也不能自暴自弃。

形形色色的焦虑情绪不胜枚举，它们像病菌一样侵蚀着人们的精神和机体，不仅妨碍一个人畅通无阻地进入人际交往，还会直接影响人们的身心健康。其实，分析一下产生焦虑情绪的原因，无非是来自自卑心理：自我评价过低忽视了自己的优势和独特性。

让我们对焦虑情绪进行进一步剖析就会发现如下的特点。例如，有人做事急于求成，一旦不能立竿见影地取得成功，就气急败坏地从精神上"打败"了自己,这是焦虑陷阱之一。认为自己的表现不够出色,被别人"比了下去"丢了面子,于是就自责,自惭形秽,产生羞耻感,这是焦虑陷阱之二。缺乏多元化的观念,以为做不好的事情都是自己的责任,自己太笨。却不知一个问题的解决,其实需要多方面的条件,有时是"有心栽花花不开",反而"无心插柳柳成荫",但人们却常不能接受这样的现实,认为努力与回报不平衡,便埋怨社会不公平,这是焦虑陷阱之三。实际上绝大多数人和事物都是不好不坏、有好有坏、时好时坏,多侧面的特征各有其特色,我们不能用同一标准去衡量。绝对化的评价方式,常常会导致自己总是否定自己,这是焦虑陷阱之四。

安抚焦虑情绪,首先,对于引起焦虑的原因要有一定的认识,事实上是毫无缘由地焦虑。有一句话非常有意义:"愿上天给我一颗平静的心,让我平静地接受不可改变的事情;给我一颗勇敢的心,让我有勇气改变可以改变的事情;给我一颗智慧的心,让我分辨两者!"我们认清能改变和要接受的东西,就可以减少焦虑情绪。

其次,出现焦虑情绪的时候,可以适当地做一些放松训练,如深呼吸、逐步肌肉放松法等。正确的深呼吸方式要点是:保持一种缓慢均匀的呼吸频率,如缓慢吸气,稍稍屏气,将空气深吸入肺部,然后缓缓地把气呼出来。在深呼吸时应该可以感受到自己胸腔和腹部的均匀起伏。逐步肌肉放松法主要采用渐进性肌肉放松,通过全身主要肌肉收缩——放松地反复交替训练,通常由面部开始,逐步放松,直至全身肌肉放松,最后达到心身放松的目的，并能够对身体各个器官的功能起到调整作用。

其实，人类是地球上最高级的社会性动物，人群本身就是极其多样性和多元化的，每个人都有自己的"自我意象"，每个人的个性、能力、社会作用等，都是他人不可替代的。所以要排除来自社会的心理压力所造成的焦虑，就必须改变自己的想法、观念和生活。

## 消除迷惘，让情绪放松

如同惧怕失态一样，人们惧怕着迷惘。因此，人们需要一个黑白分明的世界，为了解除迷惘所带来的焦虑。

这种对迷惘、对矛盾的惧怕是与他早期的生活环境分不开的，环境迫使一个人有决断能力，有主动精神，思维严谨，头脑清晰。这样的头脑很难同时接受那些模棱两可的，矛盾中的事物。它需要鲜明的界线：好或是坏、对或是错、道德或是非道德、疯狂或是理智、友人或是敌人。这使他难以在生活中采取一种变通坦诚的态度。对他来说，不存在什么过渡区。例如，根据他对正义的传统观念，一个人不是清白无辜，便是罪责难逃，不可能会有什么情况夹在这二者之间。任何行为都应该泾渭分明。

无法忍受迷惘与矛盾，人的情绪会受到直接影响。逐渐地，人变得刻板、僵硬，这形成一种世风，要么统治别人，要么被人统治；要么强大欺人，要么软弱可欺。这使他无法愉快、充分地表现自己，——时而以一种方式，时而以另一种方式。因为一旦闯入"禁区",比如说,表现了依赖性,他马上会感到不适和焦虑。

有一个人的眼睛受伤了,然后他就产生了种种对未来可怕后果的想象,为此他遭受了两天两夜的折磨。他几乎彻夜难眠,想象着自己正躺在医院里,医生们开始做手术,而他的眼球可能要被摘除;他还想象着,自己的另一只眼睛也慢慢地受到了感染,自己成了一个盲人;成了盲人的自己,整天生活在黑暗中,进出需要别人的搀扶,成了一个活着的废物……他的整个思想完全陷入对可怕未来的臆想之中,他几乎要疯了!在事故发生的几天后,朋友在街上看到他,他神采奕奕。朋友询问了他眼睛的情况,他说:"哦,现在已经好了。只是一小粒煤渣掉了进去,引起了感染。"

学会去承受发生在你生活中的每一件事,这是达到心境平和的唯一方法。你真的没有必要去焦虑,因为你有能力做好任何事。

从清晨到晚上,当人们试着做如何度过这一天的决定时,接连输进的资料会在我们脑海里引发起一场思想上的纷争。从我们睁开眼睛的那一刻开始,到疲倦地回到被窝里为止,有各种不同的事情需要我们做决定。

除掉外界因素,在我们内心深处,还有一些更令我们不安的不确定感在挣扎着,这些不确定感包括我们的健康、年龄、生活的保障及我们存在的意义。通常,我们不会把这种感受向别人倾吐。这只是一种日复一日向我们身体里每一个细胞侵袭的程序,使我们宝贵的精力被浪费在不能促进人类福祉或维护人们生命的思维里。

无论有多困难，大多数的人仍试图替自己内心的混乱找出解决之道来，原因是人的心灵无法永远忍受抵触。迷惘之所以令人困惑，是因为人不能一眼就看清构成它的各个不协调的部分。"我并不感到迷惘，"一个学生说，"这就是我！"从表面上看来，这句话并没说错，就像一桶牛奶一般。牛奶就是牛奶，难道不是吗？

人可能在未来的人生中都处在迷惘中，不管人们对掌握自己的人生感觉有无把握，人们的命运有一部分并不由自己控制。

心理上的焦虑并不能帮助我们解决什么问题，相反，它会使问题变得更困难。在焦虑的时候，我们的思考能力也降低了，一个个几乎都成了瞎子、聋子，使我们看不清事情的真相，而失去很多机会。这种焦虑，使得我们在考虑问题的时候，往往向坏的方向想，而不向着或很少向着好的方向考虑。有这种焦虑心态的人，不可能做成任何有价值的事情。由于无名焦虑的烦恼，由于对未来莫名的恐惧，由于对事态发展不能有一个正确的把握，他们做任何事情都不会有一个正确的方向。方向都错了，还会有正确的结果吗？

## 第三节　提防抑郁：别让悲观和抑郁在心里"塞车"

### 抑郁不是天生的

有抑郁情绪的人说，自己是在毫无知觉的情况下，中了抑郁情绪的毒。这并不奇怪，因为很多时候，我们不知不觉变得抑郁起来。我们所能察觉的是，心情不太好，还有点提不起劲儿……问题或许从这时候起就已经显山露水了，然后我们才会恍然大悟，原来抑郁是从情绪低落开始的。

一位年轻人总觉得自己不快乐，心情总是莫名的低落，做什么都没有兴致。他决定去拜访一位智者，请他开示。

见到智者之后，年轻人问："为什么我总是觉得自己不幸福呢？生活中，没有任何事情能让我打起精神来。我如何才能变成一个让自己幸福愉快，也能够给别人带来幸福愉快的人呢？"

智者笑着望着他说："孩子，你有这样的愿望，已经很难得了。

很多比你年长的人，从他们问的问题本身就可以看出，不管给他们多少解释，都不可能让他们明白真正的道理，就只好让他们依然那样。"

年轻人满怀虔诚地听着，却并不了解智者的意思，于是问道："可是，我并不幸福啊！我每天看到太阳升起来，就会觉得生命又短了，看到夕阳，觉得一天又没了。看到花开，担心花谢，看到新生的婴儿，会想到逝去的老人。"

智者听了，拍了拍年轻人的肩，说："我送给你三句话。第一句话是，把自己当成别人。你能说说这句话的含义吗？"

年轻人回答说："是不是说，在我感到忧伤的时候，就把自己当成是别人，这样痛苦就会自然减轻；当我欣喜若狂之时，把自己当成别人，那些狂喜也会变得平淡中和一些？"

智者微微点头，接着说："第二句话，把别人当成自己。"

年轻人沉思一会儿，说："这样就可以真正同情别人的不幸，理解别人的需求，而且在别人需要的时候给以恰当的帮助？"

智者两眼发光，继续说道："第三句话，把别人当成别人。"

年轻人说："这句话的意思是不是说，要充分地尊重每个人的独立性，任何情形下都不可侵犯他人的核心领地？"

智者哈哈大笑："很好，很好，孺子可教也。"

年轻人顿时豁然开朗。

情绪是可以转化和化解的。当不好的情绪袭击我们时，我们要做的是将它移出去，就像那位年轻人领悟到的那样。后来年轻人变成了中年人，又变成了老年人。再后来在他离开这个世界很久以后，人们都还记得他的名字。人们都说他也是一位智者，因为他是一个愉快的人，而且也给每一个见到过他的人带来了愉快。

抑郁不是天生的，它也不是人类的弱点，也不是意志品格或运气的标尺，但是这个像流感一样不时发作的疾病，为什么如此频繁地光顾这个时代？

我们之所以抑郁，是因为我们缺乏寻找快乐的能力。社会转型期人们对精神和物质追求的严重失衡，是导致诸多精神问题的根源。物极必反，如果长期忽视自己的真实感受，问题就会出来。抑郁症其实不可怕，"抑郁"是人类正常情绪的一种，如果有强大的爱的力量支撑，我们完全可以走出来。这个爱包含着对自己的尊重和对外在世界的关爱。

社会上普遍存在一种观念误区，认为不遗余力地拼命工作才是值得尊敬和有价值的，虽然很多人成功了，也感到自己枯竭了，资源被耗尽了。真正成熟的人懂得调适自己，劳逸结合，会宣泄、会娱乐，不迫使自己追求超乎能力的目标。

其实，快乐和幸福有时候十分简单，比如常常笑。这样简单的表情不容易让人忘记，并且它能让人保持一种愉快的心情。当这种愉快的心情敲击你的心门时，如果不能打开这扇紧闭的心门，你便不能与快乐同在。

愉快、喜悦和幸福并无先后关系，只要你愉快、喜悦，幸福自然就存在其中了。品格会补偿任何缺憾，就像月亮把影子投在山上，月亮的圆满会漠视崎岖的山川，以其自身的美好而深感幸福。所以,不要被抑郁情绪左右了自己,你需要做的是为自己找到简单的快乐。

## 抑郁,是心灵的枷锁

对于大多数人来说,抑郁是对逆境的一种反应。当我们感到被周围所抛弃,当我们丧失了重要的东西,被羞辱打击的时候,抑郁便悄然而至。

珍妮还记得中学时,有一次学校组织冬令营活动,那个寒冷的冬夜,她和杰瑞进行了彻夜长谈。珍妮是个内向的女孩,她真正意义上的朋友只有杰瑞一个,所以,她们的关系非常好。那一晚,她们聊了很多,谈亲情,谈爱情,谈学校的琐碎生活。

那次谈话一周后,珍妮举家搬迁,远离了故乡。她总是忘不了临别前杰瑞和她相拥痛哭的情景。她觉得自己这辈子再也找不到这样的朋友了。到了新环境的珍妮生活得并不快乐,她无法融入新的学校生活,陌生的环境,陌生的学校,让原本就内向的她更加的抑郁沉默。

这样低落的情绪时常烦扰着她,让她根本无法正常地和人交朋友,她常常会陷入回忆中,企图从往事中找出一点快乐,然而,她越是这样,内心的郁结就越深,以致她常常悲伤落泪。

其实,像珍妮这样的例子有很多,我们总是留恋美好的事物、温馨的回忆,因为从这些情景当中,我们很容易就能够给自己找到安慰,但是我们通常会忽略一点,在我们寻找安慰的时候,我们悲观的情绪也在跟着衍生,进而困扰我们的生活。

想要打破这种抑郁的生活,我们要做的就是打开心灵的锁,不要把自己的情感封存在里面,时间久了,它就会长出苦涩的果子。

我们可以尝试着采取"交心"的措施,结交新朋友,来缓解抑郁情绪。交心是指两个已有联系的人通过真诚的交往,逐步进展到交换情绪的过程。这意味着,两个人可以分享秘密,可以不必隐藏或修饰,将自己最真的一面、最真实的感觉自由地表现出来,不管它是正面的或是负面的。

长期抑郁的患者所欠缺的,恰恰就是"交心"。

我们也会与他人联系,但总达不到交心的境界。我们总是保留、修饰或试图掩藏真正的感情,因为觉得交心很危险。每次快到交心的境界时,就会急匆匆地刹车。

与人交心可以带来强烈的满足感,你在生活中一定体会过这种美妙。当回想起偶尔和他人自由自在、无拘无束地分享彼此真实的感觉时,都会觉得那次邂逅非常宝贵且别具意义。

交心能满足人内心的深层渴望。"联系"与"交心",对能否真诚表达情感至关重要。只要打开心扉使两个条件同时发生,那一直纠缠你的不满与挫折感将会烟消云散,你会觉得生气勃勃、精力十足。想获得内心的满足感,并使其长久且有意义,那么,交心就是这种美好感觉的来源和舞台。

抑郁不单纯是孤独感,它还是一种隔离,这种隔离改变了你对周围环境的正常感觉。

抑郁使人丧失了自尊与自信，他们总是自我责备、自我贬低。无论对环境还是对自我，都不能积极地对待。对环境压力总是被动地接受而不能积极地控制，更谈不上改造；对自我也总感到难以主宰而随波逐流，于是在人生征程上没有理想与期待，只有失望与沮丧。总感到茫然无助，陷入深重的失落中而难以自拔，对一切都难以适应，只能退缩回避。

勇于走出自己，生活中多结交一些朋友，我们空虚的心灵就会变得活跃起来。只有敞开自己的心灵，用心去接纳别人，与别人分享自己的快乐与忧伤，才能彻底摆脱抑郁。

## 忧郁情绪会给你制造假象

抑郁就好像透过一层黑色玻璃看一切事物，任何事物看起来都处于暗淡的光线之下。一旦戴上这副黑色的滤光镜，你就再也不能在其他的光线下观察任何事物。消极的思想与抑郁相伴，情绪低落导致消极的思想，反之，消极的思想又导致情绪低落，如此反复下去，形成一个持久而日益严重的抑郁恶性循环。

吉姆从未被诊断为抑郁症，他甚至没有和医生谈起过自己那些消极的想法或者是经常感到低落的心情。他是成功人士，生活中的一切都很如意，他有什么资格对别人抱怨呢？他静静地坐在车里，他试图去想自己的花园以及那些含苞待放的美丽郁金香，但是这些念头只会令他想起自己已经很久没有做清理工作，光是要把院子弄整洁一点的活儿就让他头痛不已。

他想起孩子和妻子，想到晚餐时可以和他们聊聊天，但这个念头只会让他想早点上床睡觉。

昨晚睡觉前，他本来计划今天早点起床来完成昨天剩下的工作，可是他又起晚了。也许今晚他应该待在办公室，哪怕熬夜也要把所有的事情一次做完。

这样不安的情绪总会围绕着吉姆，吉姆不知道自己的这些不良情绪是从哪里冒出来的，明明他觉得自己是幸福的、成功的，可是，他不快乐。

吉姆的这种症状就是典型的抑郁症，无缘无故的情绪低落，时常感到生命的空虚，体验不到幸福感。这种特殊的心理屏障会改变我们对周围环境的正常感觉。

关琳是机关的女职员。今年27岁的她长相甜美，工资待遇也很优厚，父母疼爱她，她在家里就像一位小公主，这么大了，还时常在父母面前撒娇。

但是关琳的性格很偏执，每隔一段时间，她就会莫名其妙地发脾气，情绪也很低落，有时在单位一个星期都不和同事说一句话。父母了解她，自然也不会怪她，可是外面的人不了解，他们以为关琳有些神经质，常常对她避而远之。

关琳很苦恼，她不知道自己为什么会这样，她没有什么可以倾诉交谈的朋友，郁闷的时候想找个人聊天都很难。她又不想跟父母说，她觉得自己长这么大了，不应该再给父母添麻烦。一年前经人介绍和现在的老公结了婚，但两人感情基础不好，常为一些小事吵架。

因此，两年来她有一种难以言状的苦闷与忧郁感，但又说不出什么原因，总是感到前途渺茫，一切都不顺心，老是想哭，但又哭不出来，即使是喜事，关琳也毫无喜悦的心情。过去很有兴趣去看电影、听音乐，但后来就感到索然无味，工作上亦无法振作起来。

她深知自己如此长期抑郁愁苦会伤害身体，但又苦于无法解脱，并逐渐导致睡眠不好、常做噩梦及胃口不好。有时她感到很悲观，甚至想一死了之，但对人生又有留恋，觉得死了不值得，因而下不了决心。

忧郁的人往往选择逃避问题或对问题过分执着，将其看得过于严重，这实际上是给自己增加不必要的精神压力。由于问题难以解决而干脆采取回避态度，但事实上问题依然存在，自己只是在逃避，内心深处还是放不下，难题成为心头的沉重包袱。

美国克莱斯勒公司的总经理凯勒说："要是我碰到很棘手的情况，只要想得出办法的，我就去做。要是干不成的，我就干脆把它忘了。我从来不为未来担心，因为，没有人能够知道未来会发生什么事情。影响未来的因素太多了，也没有人能说清这些影响都从何而来，所以，何必为它们担心呢？"

## 了解抑郁症状，找对方法消除抑郁

抑郁的三大主要症状是情绪低落、思维迟缓和运动抑制。

情绪低落就是高兴不起来，总是忧愁伤感，甚至悲观绝望。

思维迟缓就是自觉脑子不好使,记不住事儿,思考问题困难。人觉得脑子空空的、变笨了。运动抑制就是不爱活动,浑身发懒,走路缓慢,言语少等。严重的可能不吃不动,生活不能自理。

抑郁的表现多种多样,同时具备以上三种典型症状的人并不多见。很多人只具备其中的一点或两点,严重程度也因人而异。心情压抑、焦虑、兴趣丧失、精力不足、悲观失望、自我评价过低等,都是抑郁的常见症状,有时很难与一般的短时间的心情不好区分开来。如果上述的不适早晨起来严重,下午或晚上有部分缓解,那么,你抑郁的可能性就比较大了。

严重的抑郁会导致自杀。

自杀是抑郁症最危险的情况。社会自杀人群中可能有一半以上是抑郁症患者。有些不明原因的自杀者可能生前已患有严重的抑郁症,只不过没被及时发现罢了。由于自杀是在疾病发展到一定的严重程度时才发生的,所以及早发现疾病,及早治疗,对抑郁症的患者非常重要。现代人受社会、生活各方面压力的困扰,生活步调快,得失之间也变得鲜明无比,情绪的震荡加上人际关系的复杂化,极易陷入抑郁的恶性循环中,引发失眠抑郁症等心理问题。

失眠抑郁症对人的身体影响丝毫不亚于精神折磨,因此很多病友都在急切地寻找治疗失眠抑郁症见效最快最好的方法。

患有抑郁症的人,不同的人会表现出不同的抑郁状态,如果症状轻微的话,可以尝试自救。以下介绍14项规则,认真遵守,抑郁的症状便会很快消失:

（1）生活要有规律，从稳定规律的生活中领略生活情趣。按时就餐，均衡饮食，避免吸烟、饮酒及滥用药物，有规律地安排户外运动，与人约会准时到达，保证8小时睡眠。

（2）注意自己的外在形象，保持居室干净整洁。

（3）即使心事重重、情绪低落，也要积极地工作，让自己阳光起来。

（4）对人对事宽容大度，少生闷气。

（5）不断学习，主动吸收新知识，尽可能接受和适应新的环境。

（6）树立挑战意识，学会主动解决矛盾，并相信自己会成功。

（7）遇事不慌，即使你心情烦闷，也要注意自己的言行。

（8）抛弃冷漠和疏远的态度，积极地调动自己的热情。

（9）通过运动、冥想、瑜伽、按摩松弛身心。开阔视野，拓宽自己的兴趣范围。

（10）俗话说："人比人，气死人。"不要将自己的生活与他人进行比较，尤其是各方面都强于你的人，做最好的自己就行了。

（11）用心记录美好的事情，锁定温馨、快乐的时刻。

（12）失败没有什么好掩饰的，那只是说明你暂时尚未成功。

（13）尝试以前没有做过的事，开辟新的生活空间。

（14）与精力旺盛又充满希望的人交往。

此外，我们还可以根据各自不同的情绪反应，对自己施行一些辅助治疗，例如：

1. **心理治疗**

以药物治疗为主、心理治疗为辅的综合疗法,是目前临床医学界治疗失眠抑郁症时的首选方法。在用药物治疗的同时,配合心理治疗主要是用来改变不适当的认知或思考习惯、或行为习惯,是一种辅助的治疗方法。

2. **移情治疗**

享受阳光和运动的美好,能够让抑郁症患者的心情得到显著的放松。同时培养对新鲜事物的兴趣和爱好,让自己的生活每天都充实、积极,这种方法是不用花钱自己动手就能办到的。

3. **食疗方法**

"抗抑郁"食谱:酸枣仁、百合、龙眼、莲子,都有解郁、安神的功效,首乌和桑葚有滋补肝肾之效,可对缓解抑郁症、失眠、健忘烦躁等症有辅助作用。

抑郁症的内心变化是,全盘否定自己。否定过去,经常想起一些不愉快的往事,总觉得自己对不起别人。否定现在,自我评价低,觉得自己的工作效率低,又浑身是病,是家里人的包袱,否定将来,认为前景灰暗,度日如年,对未来没有信心。

生活中,因为抑郁而导致的悲剧时有发生,因此,我们要提高对抑郁情绪的重视,采取积极措施进行预防,以免自身受到危害。

## 第四节　停止抱怨：改变不了世界，就改变自己

### 远离抱怨，路会越走越宽

亨利·福特说："别光会挑毛病，要能寻找改进之道。"抱怨只能使自己悲观失望，丝毫无助于问题的解决。人悲伤时想哭，而哭会使你更加悲伤。要想走出这个怪圈，你必须首先止怒，放弃抱怨，用解决问题的态度思考问题。

古时候，有一个国王在一次战败后，自己蜷缩在一个废弃的马房的食槽里，垂头丧气。这时，他看到一只蚂蚁扛着一粒玉米，在一堵垂直的墙上艰难地爬行。玉米粒比蚂蚁的身体大得多，蚂蚁爬了69次，每次都掉下来。当尝试第70次时，蚂蚁终于扛着玉米爬上墙头。国王大叫一声跳起来！蚂蚁失败了这么多次，都没有抱怨，反而还一次又一次地挑战。那我还有什么理由抱怨上帝不公？国王于是重整旗鼓，终于打败了敌人。

有位哲人曾经忠告世人:"生命中最重要的一件事情,就是不要拿你的收入来当资本。任何傻子都会这样做。真正重要的是要从你的损失中获利。这就必须有才智才行,也正是这一点决定了傻子和聪明人之间的区别。"

所以,不要抱怨,用实干来证明自己吧。

100多年前,美国费城的6个高中生向他们仰慕已久的一位博学多才的牧师请求:"先生,您肯教我们读书吗?我们想上大学,可是我们没钱。我们中学快毕业了,有一定的学识,您肯教我们吗?"

这位牧师答应教这6个贫家子弟,同时他又暗自思忖:"一定还会有许多年轻人没钱上大学,他们想学习但付不起学费。我应该为这样的年轻人办一所大学。"

于是,他开始为筹建大学募捐。当时建一所大学大概要花150万美元。

牧师四处奔走,在各地演讲了5年,恳求大家为出身贫穷但有志于学习的年轻人捐钱。出乎他意料的是,5年的辛苦筹募到的钱还不足1000美元。

牧师深感悲伤,情绪低落。当他走向教堂准备下礼拜的演说词时,低头沉思的他发现教室周围的草枯黄得东倒西歪。他便问园丁:"为什么这里的草长得不如别的教堂周围的草茂盛呢?"

园丁抬起头来望着牧师回答说:"噢,我猜想你眼中觉得这地方的草长得不好,主要是因为你把这些草和别的草相比较的缘故。看来,我们常常是看到别人美丽的草地,希望别人的草地就是我们自己的，却很少去整治自家的草地。"

园丁的一席话使牧师恍然大悟。他跑进教堂开始撰写演讲稿，他在演讲稿中指出，我们大家往往是让时间在等待观望中白白流逝，却没有努力工作使事情朝着我们希望的方向发展。

抱怨只会让机会白白流逝，实干才能成功。下面的故事能够更清楚地告诉我们，成功来自实干而不是抱怨。

1832年，有一个年轻人失业了。他却下决心要当政治家，当州议员，糟糕的是，他竞选失败了。在一年里遭受两次打击，这对他来说无疑是痛苦的。他又着手办自己的企业，可一年不到，他的企业就倒闭了。在以后的17年里，他不得不为偿还债务而到处奔波，历尽磨难。

此间，他再一次决定竞选州议员，这次他终于成功了。他认为自己的生活可能有了转机，可就在离结婚还差几个月的时候，他的未婚妻不幸去世。他心力交瘁，卧床不起，患上了严重的神经衰弱症。

1838年，他觉得身体稍稍好转时，又决定竞选州议会议长，可他失败了；1843年，他又参加竞选美国国会议员，但这次仍然没有成功……

试想一下，如果是你处在这种情况下会不会放弃努力呢？他一次次地尝试，一次次地失败。企业倒闭，情人去世，竞选败北，要是你碰到这一切，你会不会放弃你的梦想？他没有放弃，也始终没有说过：要是失败会怎样？1846年，他又一次参加竞选国会议员，终于当选了。

在以后的日子里,他仍在失败中奋起,一次又一次地努力。最后,1860年,他当选为美国总统,他就是亚伯拉罕·林肯。

林肯一直没有放弃自己的追求,一直在做自己生活的主宰者,他用实干的精神迎来了成功。他以自己的经历告诉我们,成功不是运气和才能的问题,关键在于充分的准备和不屈不挠的决心。面对困难,不要抱怨,不要逃避,而应该勇敢地去面对,付出更多的努力和汗水来换取甘甜的美酒。

## 命运厚爱那些不抱怨的人

日常生活中,经常见到一些人对自己身边的任何事情都不满——工作不如意、钱赚得没有别人多、别人比自己幸运等,仿佛抱怨已经成了生活中必不可少的一种行为。但事实上,一旦形成了这种抱怨的思维定式,喜欢抱怨的人对问题的看法就会偏向消极方向,解决问题的动力就会变成实施解决方法的阻力。

露西是一家报社的记者,十多年过去了,一直没有发展的机会,职位和薪水也不是很理想。有一段时间,她甚至想辞职。但是,又害怕辞职后找不到合适的工作,就得面临失业的问题,犹豫一番后,她最终还是安慰自己:算了吧!就这样混下去吧,到了别的公司也一样。

有一天,她和一个朋友去聚会,又在餐桌上抱怨自己的工作环境。这位朋友一脸严肃地说:"造成现在这种情况,你思考过原因吗?你尝试过了解你的工作,让自己从内心深处对这份工作真正感兴趣并喜爱它吗？你是否真正在工作中，把它当成一项伟大的事业而努力过呢？你如果仅仅是因为对现在的工作职位、薪水感到不满而辞去工作，就不会有更好的选择，稍微忍耐一下，转变你的态度，试着从现在的工作中找到价值和乐趣，你会有意外的发现和收获。假如你这样努力尝试过之后，依然没有变化，再辞职也不迟。"

朋友的话让露西深有感触，她试着让自己重新开始，以积极的态度处理自己的工作。结果，内心的感觉与以往完全不同，不满的情绪也渐渐消失了，对工作渐渐有了一种留恋的感觉。因此，她的工作才华得到了极大的展示，她也很快受到上司的提拔和重用。

其实，无休止地抱怨对自身是一种伤害。露西因为抱怨而无法把全部精力投入工作中，以致10多年过去了，仍然没有什么发展。致使她发生这种情况的不是外部环境，而是她没有把自己放到一个正确的位置上，当她听取朋友的意见，改变态度，积极应对工作后，很快就受到了上司的重用。这说明职位和薪水的高低不是影响人发展的必然因素，而好的工作态度会影响一个人的职业生涯。

毫无怨言地工作，使人能够激发出内心的力量，这样便会在工作中拥有双倍甚至更多的智慧和激情，让人积极主动且卓有成效地完成工作。反之，当抱怨成为一种习惯，人会很容易发现生活中负面的东西，加以放大，甚至身边人一个眼神、一句话都可以让他浮想联翩，进而感慨生存艰难，倾诉得越发声情并茂，也就越发使情绪"黑云压城城欲摧",以致越来越焦虑。

毫无怨言的人能够全心全意地工作,别人抱怨困难多的时候,他们在解决问题;别人抱怨工作环境差的时候,他们在研究如何提高工作效率;别人抱怨薪水低的时候,他们在加班加点地解决问题。下文中的老王就是这样的人。

老王是个挑料工,他的工作很重要,他工作速度的快慢直接影响工作的进程,如果处理不好,就会影响包装质量。虽然厂里对挑料工并没有技术要求,但是他总是严格要求自己,他工作得不仅快而且干净利落,任何问题都逃不过他的眼睛,有时,机器发生故障,剪出的料切头多又不齐,他总是一边沉着冷静地指挥操作台,一边眼疾手快地挑料,既不影响上道工序的进行,又为下道工序打好了基础。老王对待工作始终任劳任怨,一个班八小时,他从来不肯休息,组长替他时,他总是三个字"我不累"。

一次,机器检修需要停工两小时,班长召集大家临时开会,这时却不见了老王的身影。厂房里空无一人,只听见静静的厂房里冷床处传来"咚、咚"扔东西的声音,大家走近一看,只见老王穿着雨鞋钻在又热又脏的机床下面收拾切头和废钢,满脸都是汗水和油污,他却根本不在意。老王默默无闻、任劳任怨地在平凡的岗位上奉献着。

对于一个优秀的人来说,工作从来是哪里需要到哪里去,对又脏又差的环境也毫无怨言,工作需要永远是激励他们出发的号角,他们也往往会受到大家的尊重。

如果你想在工作中做出成绩,如果你想受到上司的提拔重用,如果你想得到大家的尊重，那么，停止抱怨，立即工作，哪里需要去哪里。埋头工作一段时间，你就会感觉到，原来，工作是一件如此有意义的事。

人与人之间的差别，在任何地方、任何时间、任何国家、任何社会、任何时代都存在。造成这种差别的原因，并非外在条件的不同，而是自我经营的不同。我们对于生活、工作，都必须坦然接受，多努力，少埋怨，成功的愿望才能实现。

## 别让抱怨成为习惯

琐碎的日常生活中，每天都会有很多事情发生，如果你一直沉溺在已经发生的事情中，不停地抱怨，不断地自责下去，你的心情就会越来越沮丧。只懂得抱怨的人，注定会活在迷离混沌的状态中，看不见前头明朗的人生天空。

有时候，人生就是这样的，你坦然面对，却突然发现原来的事情都不是事儿了。所以要学会控制自己的情绪，跟家人和朋友一起，坦然地享受生活，追逐自然的幸福。

美国小说家邓肯有这样一位朋友：家庭生活条件很好，但是有一个使人很不舒服的习惯——爱抱怨。

在邓肯的印象里，他这位朋友好像从来就没有顺心的事，什么时候与他在一起，都会听到他在不停地抱怨。高兴的事他抛在了脑后，不顺心的事他总挂在嘴边。每次见到邓肯就抱怨自己的不如意，结果他把自己搞得很烦躁，同时也把邓肯搞得很不安，邓肯甚至不愿见到他。

你周围有没有这样的朋友？他每天都会有许多不开心的事，他总在不停地抱怨。其实，他所抱怨的事也并不是什么大不了的事，而是一些日常生活中经常发生的小事情。

我们经常会碰到一些人，罗列一堆困难、一堆问题，列完之后把自己给吓住了，然后再往下，做不成了，开始替自己辩解，结果开始抱怨，抱怨制度、抱怨资源……任何事都是别人的错，任何不利于自己的东西都是他抱怨的对象。

抱怨是不好的习惯，任何人也都不愿意成为一个喜欢抱怨的人。抱怨是在人多次按常态去应对某些问题并且无效后，对解决问题的对象失去信心但又不甘心的状态下所表达出来的情绪行为。

而当这种情绪、抱怨的行为日复一日地被重复，就会形成惯性。一旦惯性形成，人对问题的看法就会转向消极方向，解决问题的动力就会变成阻力。

抱怨的人开始时是希望事情被改变，不一定是想卸掉自己的责任。但当事情被忽略、被冷冻、被打压之后，就会变成抱怨。从心理学上讲，"抱怨的人不希望事情完全改变，他们只是为了卸掉自己的责任罢了"的讲法并不客观，他们只是没能抓住解决问题的关键点以使现状能够得到改善。

抱怨是一种习惯性的情绪行为，不要说抱怨是个性。因为一旦被认同是"个性"，那它就是"我"与生而来的东西，所以"我"是不会去改的。这也是抱怨会这么容易像病毒一样流行的原因。

我们与其抱怨生活的不如意,倒不如切切实实地为自己寻找多一些的快乐。其实,快乐是心病的一剂良药,离苦得乐,是人最本质的需要。快乐很简单,它与一个人的财富、地位、名气无关,它不需要大量的金钱去支撑,也不需要以名气为后盾,更不需要乌纱帽来提携。相反,快乐只与一个人的内心有关,物质财富的获得可能让人获得快乐,可是处理不当则会成为人生的负累,生活从此远离快乐,永无宁日。别让生活的不如意吞噬掉原本的快乐,淡然一些,才会快乐。

Chapter 4

# 第四章
## 培养积极情绪，
## 释放生命正能量

## 第一节　永怀希望：唤醒人生正能量

### 事情没有你想象的那么糟

人的一生不可能永远一帆风顺，大部分时间都是平淡的，还有不少时间是灰暗的。这些灰暗的日子被我们称之为苦难，面对苦难，每个人的承受能力不同，会表现出不同的情绪。有些人可以乐观应对，有些人却陷入其中不能自拔。乐观者往往能以积极的心态看待问题，这样不仅可以使自己心情愉悦，而且正视问题的同时也可以使问题得到很好的解决；悲观者总是感慨命运不济，认为自己是世界上最不幸的人，这样不仅不能解决问题，而且会加剧自己的痛苦。

很多刚刚步入社会的年轻人，由于自身的经验、才能都尚在成长之中，情绪容易受外界影响，加上社会上竞争激烈，各个用人单位对人才的要求不尽相同，面试遭淘汰，或者工作不适被辞退，这都是很正常的事情，我们不必为此耿耿于怀。只要我们相信自己，时刻提起精神，终会有"柳暗花明又一村"的新景象等待着我们。因为当生活把苦难带给我们时，其实又给我们推开了一扇窗，所以事情并没有你想象的那么糟。让我们学着用积极的态度去面对苦难，在苦难中学习，在苦难中成长。当越过苦难，这个过程就变成一生弥足珍贵的记忆。

西娅在维伦公司担任高级主管，待遇优厚。但是，突然不幸的事情发生了，为了应对激烈的竞争，公司开始裁员，而西娅也在其中。那一年，她43岁。

"我在学校一直表现不错，"她对好友墨菲说，"但没有哪一项特别突出。后来，我开始从事市场销售。在30岁的时候，我加入了那家大公司，担任高级主管。我以为一切都会很好，但在我43岁的时候，我失业了。那感觉就像有人在我的鼻子上给了我一拳。"她接着说，"简直糟糕透了。"西娅似乎又回到了那段灰暗的日子，语气也沉重了许多。

"有一段时间，我不能接受自己失业的事实。躲在家里，不敢出门，因为每当看到忙碌的人们，我都会觉得自己没用，脾气也越来越坏，孩子们也越来越怕我。情况似乎越来越糟糕。但就在这时，转机出现了。一个月后，一个出版界的朋友询问我，如何向化妆业出售广告。这是我擅长的东西。我重新找到了自己的方向：为很多上市公司提供建议，出谋划策。"两年后，西娅已经拥有了自己的咨询公司。她已经不再是一个打工者，而是成了一个老板，收入自然也比以前多了很多。

"被裁员是一件糟糕的事情,但那绝不是地狱。也许,对你来说,可能还是一个改变命运的机会,比如现在的我。重要的是对它如何看待,我记得那句名言:世界上没有失败,只有暂时的不成功。"西娅真诚地对墨菲说。

相信任何人在面临西娅那样的遭遇时都会苦恼不已,沉浸在低迷的情绪状态中。但是只要迅速地调整心态,转个弯就能找到另一条出路,就能获得成功。像西娅那样,即使被单位解聘淘汰了也不用计较,走过去,前面将有更光明的一片天空在等待着我们。

海伦·凯勒曾经说过:"当一扇幸福的门关起的时候,另一扇幸福的门会因此开启;但是,我们却经常看着这扇关闭的大门太久,而没有注意到那扇已经为我们开启的幸福之门。"这正是上帝在以另一种方式告诉我们,我们未尽其才,"天生我材必有用",不如天生我材自己用,社会不残酷不足以激发我们的生命力,竞争不激烈不足以显示我们的战斗力。

## 任何时候都不要放弃希望

著名的英国文学家罗伯特·史蒂文森说过:"不论担子有多重,每个人都能支持到夜晚的来临;不论工作多么辛苦,每个人都能做完一天的工作,每个人都能很甜美、很有耐心、很可爱、很纯洁地活到太阳下山,这就是生命的真谛。"确实如此,唯有流着眼泪吞咽面包的人才能理解人生的真谛。因为苦难是孕育智慧的摇篮，它不仅能磨炼人的意志，而且能净化人的灵魂。如果没有那些坎坷和挫折，人绝不会有丰富的内心世界，也不会从中汲取经验。苦难能毁掉弱者，同样也能造就强者。

有些人一遇到挫折就灰心丧气、意志消沉，甚至用死来躲避厄运的打击。这是弱者的表现，可以说生比死更需要勇气。死只需要一时的勇气，生则需要一世的勇气。人的一生中都可能有消沉的时候，居里夫人曾两次想过自杀，奥斯特洛夫斯基也曾用手枪对准过自己的脑袋，但他们最终都以顽强的意志面对生活，并获得了巨大的成功。可见，一时的消沉并不可怕，可怕的是陷入消沉中不能自拔。

做一个生命的强者，就要在任何时候都不放弃希望，耐心等待转机来临的那一天。

从前，两军对峙，城市被围，情况危急。守城的将军派一名士兵去河对岸的另一座城市求援，假如救兵在明天中午赶不过来，这座城市就将沦陷。

整整两个时辰过去了，这名士兵才来到河边的渡口。平时渡口这里会有几只木船摆渡，但由于兵荒马乱，船夫全都避难去了。本来他可以游泳过去，但现在数九寒天，河水太冷，河面太宽，而敌人的追兵随时可能出现。

他的头发都快愁白了，假如过不了河，不仅自己会成为俘虏，整个城市也会落在敌人手里。万般无奈，他只得在河边静静地等待。这是一生中最难熬的一夜，他觉得自己都快要冻死了。他感到四面楚歌、走投无路了。自己不是冻死，就是饿死，要么就是落在敌人手里被杀死。更糟的是，到了夜里，刮起了北风，后来又下起了鹅毛大雪。他冻得瑟缩成一团，甚至连抱怨命运的力气都没有了。此时，他的心里只有一个念头：活下来！

他暗暗祈求：上天啊，求你再让我活一分钟，求你让我再活一分钟！也许他的祈求真的感动了上天，当他气息奄奄的时候，他看到东方渐渐发亮。等天亮时他惊奇地发现，那条阻挡他前进的大河上面，已经结了一层冰壳。他在河面上试着走了几步，发现冰冻得非常结实，他完全可以从上面走过去。

他欣喜若狂，从冰面上轻松地走过了河对面。

因为没有放弃希望，所以这名士兵等到了转机，从而给自己等来了重生的机会。可见，事事没有绝路，只要我们不放弃希望，即使是再危难的处境，也可能绝处逢生。也只有坚持不放弃的人，才能够走向最终的胜利。

事实上，处在绝望境地的拼搏，最能激发人身体里的潜在力量。每个人都是凤凰，但是只有经过命运烈火的煎熬和痛苦的考验，才能浴火重生，并在重生中得以升华。只有心中充满了胜利的希望，才不会被任何艰难困苦所打倒。

## 别让精神先于身躯垮下

当我们面对挫折和困难时，逃避和情绪消沉是解决不了问题的，唯有以积极的心态去迎接，问题才有可能最终被解决。积极乐观的人每天都拥有一个全新的太阳，奋发向上，并能从生活中不断汲取前进的动力。当我们处于困境中时,只要我们保持昂扬的精神,奋力拼搏,终将迎来阳光明媚的春天。

遗憾的是,很多时候我们的精神先于身躯垮下去了。

人在任何时候都不应该放弃信念和希望,信念和希望是维系生命的力量。只要一息尚存,就要追求,就要奋斗。其实,大自然始终在启迪着人们——在春花秋叶舞蹈般潇洒的飘落里,蕴含着信念和希望;巨大岩石的裂缝中钻出的小草,昭示着信念和希望;不断被山风修改着形象的悬崖边的苍松展示着信念和希望。在任何时候,无论处在怎样的境遇,都不要放弃希望和信念。如果你的心灵已太久不曾有过渴望的涌动,请你轻轻地将它激活,让它焕发健康的亮色。下面,我们一起看一则关于信念的故事。

一场突然而至的沙尘暴,让一位独自穿行大漠者迷失了方向,更可怕的是连装干粮和水的背包都不见了。翻遍所有的衣袋,他只找到一个泛青的苹果。

"哦,我还有一个苹果。"他惊喜地喊道。

他攥着那个苹果,深一脚浅一脚地在大漠里寻找着出路。整整一个昼夜过去了,他仍未走出空阔的大漠。饥饿、干渴、疲惫,一齐涌上来。望着茫茫无际的沙海,有好几次他都觉得自己快要支撑不住了,可是他看了一眼手里的苹果,抿了抿干裂的嘴唇,陡然又添了些许力量。

顶着炎炎烈日,他又继续艰难地跋涉。三天以后,他终于走出了大漠。那个他始终未曾咬过的青苹果,已干巴得不成样子,他还宝贝似的擎在手中,久久地凝视着。

在人生的旅途中，我们常常会遭遇各种挫折和失败，会身陷某些意想不到的情绪困境之中。这时，不要轻易地说自己什么都没有了，其实只要我们的心灵不熄灭信念的圣火，努力地去寻找，总会找到能渡过难关的那"一个苹果"。攥紧信念的"苹果"，就没有穿不过的风雨、涉不过的险途。所以，无论面对怎样的环境，面对多大的困难，都不能放弃自己的信念，以及对生活的热爱。因为很多时候，打败自己的不是外部环境，而是你自己的情绪。

## 第二节　常怀感恩：有一种幸福叫感恩

### 感谢你所拥有的，这山更比那山高

生活中，我们很难做到不与人进行比较。如果我们没有一颗感恩之心，那么在各种各样的比较下，我们很容易产生心理和情绪上的偏差。我们又不太可能隐居在乡间，所以我们只能不断调整自己的情绪。

一对青年男女步入了婚姻的殿堂，甜蜜的爱情高潮过去之后，他们开始面对日益艰难的生计。妻子每天都为缺少财富而郁郁寡欢，他们需要很多很多的钱，1万、10万，最好有100万。有了钱才能买房子，买家具、家电，才能吃好的、穿好的……可是他们的钱太少了，少得只够维持最基本的日常开支。

她的丈夫却是个很乐观的人，不断寻找机会开导妻子。

有一天，他们去医院看望一个朋友。朋友说，他的病是累出来的,常常为了挣钱不吃饭、不睡觉。回到家里,丈夫就问妻子:"如果给你钱,但同时让你跟他一样躺在医院里,你要不要?"妻子想了想,说:"不要。"

过了几天,他们去郊外散步。他们经过的路边有一幢漂亮的别墅,从别墅里走出来一对白发苍苍的老者。丈夫又问妻子:"假如现在就让你住上这样的别墅,同时变得和他们一样老,你愿意不愿意?"妻子不假思索地回答:"我才不愿意呢。"

他们所在的城市破获了一起重大团伙抢劫案。这个团伙的主犯抢劫现钞超过100万,被法院判处死刑。

罪犯押赴刑场的那一天,丈夫对妻子说:"假如给你100万,让你马上去死,你干不干?"

妻子生气了:"你胡说什么呀?给我一座金山我也不干!"

丈夫笑了:"这就对了。你看,我们原来是这么富有:我们拥有生命,拥有青春和健康,这些财富已经超过了100万,我们还有靠劳动创造财富的双手,你还愁什么呢?"妻子把丈夫的话细细地咀嚼、品味了一番,从此变得快乐起来。

像那位丈夫一样,看看自己拥有的,自己原来已经很富有。那些总认为自己一无所有的人,他们心灵的空间挤满了太多的负累,从而无法欣赏自己真正拥有的东西。

我们要接受自己生活中不完美的地方,用"和自己赛跑,不要和别人比较"的生活态度来面对生活。如果我们愿意放下身段,欣赏别人表现杰出的地方,从对方的表现中看出成功的端倪,收获最多的,其实还是自己。不要与别人比华丽的服装而忽视了自己真正需要提升的东西。

## 感谢磨难，它们让你更加坚强

在人生的岔道口，若你选择了一条平坦的大道，你可能会有一个舒适而享乐的青春，但你会失去一个很好的历练机会；若你选择了坎坷的小路，你的青春也许会充满痛苦，但人生的真谛也许就此被你领悟。

人生其实没有弯路，每一步都是必需的。所谓失败、挫折并不可怕，正是它们教会我们如何寻找经验与教训。如果一路都是坦途，那只能像渔夫的儿子那样，沦为平庸。

有个渔夫有着一流的捕鱼技术，被人们尊称为"渔王"。依靠捕鱼所得的钱，"渔王"积累了一大笔财富。然而，年老的"渔王"一点也不快活，因为他三个儿子的捕鱼技术都极平庸。

于是他经常向智者倾诉心中的苦恼："我真不明白，我捕鱼的技术这么好，我的儿子们为什么这么差？我从他们懂事起就传授捕鱼技术给他们，从最基本的东西教起，告诉他们怎样织网最容易捕捉到鱼，怎样划船最不会惊动鱼，怎样下网最容易请鱼入瓮。他们长大了，我又教他们怎样识潮汐、辨鱼汛，等等。凡是我多年辛辛苦苦总结出来的经验，我都毫无保留地传授给他们，可他们的捕鱼技术竟然赶不上技术比我差的其他渔民的儿子！"

智者听了他的诉说后，问："你一直手把手地教他们吗？"

"是的，为了让他们学会一流的捕鱼技术，我教得很仔细、很耐心。"

"他们一直跟随着你吗？"

"是的，为了让他们少走弯路，我一直让他们跟着我学。"

智者说："这样说来，你的错误就很明显了。你只是传授给了他们技术，却没有传授给他们教训，对于才能来说，没有教训与没有经验一样，都不能使人成大器。"

正如智者所说，教训有时候比经验更有价值。没有经历过风霜雨雪的花朵，无论如何也结不出丰硕的果实，温室的花朵注定经不起风霜。或许我们习惯羡慕他人的成功，但是别忘了，正所谓"台上十分钟，台下十年功"，在他们荣光的背后一定有汗水与泪水共同浇铸的艰辛。很多事情当我们回过头来再去看的时候，就会发现，历经磨难以后，生命的花朵反而更娇艳动人。

只有历经折磨，才能够历练出成熟与美丽，抹平岁月给予我们的皱纹，让心保持年轻和平静，让我们得到成长。所以，每一个勇于追求幸福的人，每一个有乐观豁达心态的人，都会感谢磨难的到来，唯有以这种态度面对人生，我们的生活才会洋溢着更多的欢乐和幸福，世界在我们眼里才会更加美丽动人。

对于生活中的各种折磨，我们应时时心存感激。只有这样，我们才会常常有一种幸福的感觉，纷繁复杂的世界才会变得鲜活、温馨和动人。一朵美丽的花，如果你不能以一种美好的心情去欣赏它，它在你的心中和眼里永远也不会娇艳妩媚，正如你的心情一般灰暗和没有生机。

只有心存感激，我们才会把折磨放在背后，珍视他人的爱心，才会享受生活的美好，才会发现世界原本有太多的温情。对折磨心存感激，是一种人格的升华，是一种美好的人性。只有对折磨心存感激，我们才会热爱生活，珍惜生命，以平和的心态去努力地工作与学习，使自己成为一个有益于社会的人。对折磨心存感激，我们的生活就会洋溢着更多的欢笑和阳光，世界在我们眼里就会更加美丽动人。

面对人生中各种各样不顺心的事，你要保持感谢的态度，因为唯有折磨才能使你不断地成长。法国启蒙思想家伏尔泰说："人生布满了荆棘，我们晓得的唯一办法是从那些荆棘上面迅速踏过。"人生路是不平坦的，但同时也说明生命需要磨炼，"燧石受到的敲打越厉害，发出的光就越灿烂"。正是这种敲打才使燧石发出光来，因此，燧石需要感谢那些敲打。人也一样，感谢折磨你的人，你就是在感恩命运。

## 感谢对手，是他们激发了你的潜能

许多人都视对手为眼中钉、肉中刺，欲除之而后快。其实，如果没有对手，也许我们就会走向堕落，走向灭亡。人要对对手心存感激，而不应对对手怀有嫉妒之心，这样才能提高自己，化不利为有利。

有意义的生命才会精彩，精彩的生命才会有意义。快出发，寻找你的对手，让你的生命折射出迷人、永恒的光彩。

1996年世界爱鸟日这一天，芬兰维多利亚国家公园应广大市民的要求，放飞了一只在笼子里关了4年的秃鹰。事过3日，当那些爱鸟者还在为自己的善举津津乐道时，一位游客在距公园不远处的一片小树林里发现了这只秃鹰的尸体。解剖发现，秃鹰死于饥饿。

秃鹰本来是一种十分凶悍的鸟，甚至可与美洲豹争食。然而它由于在笼子里关得太久，远离天敌，结果失去了生存能力。还有一个类似的故事：

一位动物学家在考察生活于非洲奥兰治河两岸的动物时，注意到河东岸和河西岸的羚羊大不一样，前者繁殖能力比后者强，而且奔跑的速度每分钟要快13米。

他感到十分奇怪，既然环境和食物都相同，何以差别如此之大？为了解开其中之谜，动物学家和当地动物保护协会进行了一项实验：在两岸分别捉10只羚羊送到对岸生活。结果送到西岸的羚羊发展到14只，而送到东岸的羚羊只剩下了3只，另外7只被狼吃掉了。

谜底终于被揭开，原来东岸的羚羊之所以身体强健，是因为它们附近居住着一个狼群，这使羚羊天天处在一个"竞争氛围"中，为了生存下去，它们变得越来越有"战斗力"；而西岸的羚羊长得弱不禁风，恰恰就是因为缺少天敌，没有生存压力。

上述现象对我们不无启迪，生活中出现一个对手、一些压力或一些磨难，的确并不是坏事。俗语"蚌病生珠"，则更说明此问题。一粒沙子嵌入蚌的体内后，它将分泌出一种物质来疗伤，时间长了，便会逐渐形成一颗晶莹的珍珠。

生活中有各种各样的笼子，不少人的处境和那只笼子里的秃鹰相似。虽然它能让人暂时地乐而忘忧，流连忘返，一旦离开笼子，可以设想，最后的结局只会和那只秃鹰没有什么两样。

人一定要觅得对手。知音难寻，对手更难求。没有对手，人们可能会不知所往，生命也将毫无意义。

战国时期，七雄并立，七个强有力的对手开始了长达百余年的角逐。最后，时势中的英雄秦始皇诞生，他运筹帷幄之中，决胜千里之外，将六个对手一一击垮，"秦王扫六合，虎视何雄哉！"英雄铸就于对手之中。如果没有一群强有力的对手，英雄怎能矗立于人群？

感激对手，善待对手，你才能从对手那里找到自己的不足，得到帮助，从而化不利为有利，改变生存状况。没有压力怎会有动力？没有竞争怎会有进步？正是对手的追赶才驱使我们不断地向前迈进，驱使我们生命的车轮不断地滚滚前行。对手促使我们进步，只有与对手共生存才能改写历史。

## 第三节　增强自信：学会为自己热烈鼓掌

### 多做自己擅长的事

世界上没有两片完全相同的树叶，每个人的天赋也是不同的。和别人比，你或许在某些方面有所欠缺，但在其他方面你表现得更为突出。成功的关键不是克服缺点、弥补缺点，而是施展天赋、发扬长处。要想获得成就，就要擅长发挥自己的强项。

美国盖洛普公司出了一本畅销书《现在，发掘你的优势》。盖洛普的研究人员发现，大部分人在成长过程中都试着"改变自己的缺点，希望把缺点变为优点"，但他们碰到了更多的困难和痛苦。而少数最快乐、最成功的人的秘诀是"加强自己的优点，并管理自己的缺点"。"管理自己的缺点"就是在不足的地方做得足够好，"加强自己的优点"就是把大部分精力花在自己感兴趣的事情上，从而获得成功。

一只小兔子被送进了动物学校，它最喜欢跑步课，并且总是得第一；它最不喜欢的是游泳课，一上游泳课它就非常痛苦。兔爸爸和兔妈妈要求小兔子什么都学，不允许它放弃任何一项课程。

　　小兔子只好每天垂头丧气地去学校上学，老师问它是不是在为游泳太差而烦恼，小兔子点点头。老师说，其实这个问题很好解决，你跑步是强项，但游泳是弱项。这样好了，你以后不用上游泳课了，可以专心练习跑步。小兔子听了非常高兴，它专门训练跑步，最后成为跑步冠军。

　　小兔子根本不是学游泳的料，即使再刻苦训练，它也无法成为游泳能手；相反，它专门训练跑步，结果成为跑步冠军。

　　假如一个人的性格天生内向，不善于表达，却要去学习演讲，这不仅是勉为其难，而且会浪费大量的时间和精力；假如一个人身材矮小，弹跳力也不好，却要去打篮球，结果，不仅造成英雄无用武之地的局面，以致打击了自信心，而一蹶不振。在漫漫的人生旅途中，没有人是弱者，只要找到自己的强项，就找到了通往成功的大门。

　　所谓的强项，并不是把每件事情都干得很好、样样精通，而是在某一方面特别出色。强项可以是一项技能、一种手艺、一门学问、一种特殊的能力或者只是直觉。你可以是鞋匠、修理工、厨师、木匠、裁缝，也可以是律师、广告设计人员、建筑师、作家、机械工程师、软件工程师、服装设计师、商务谈判高手、企业家或领导者，等等。

　　罗马不是一天建成的，我们想在某一方面拥有过人之处，就必须付出辛苦的努力。我们要想拥有一口流利的英语，可能就要错过无数次和朋友通宵KTV的机会；要想掌握一门技术，可能就要翻烂无数本专业书；要想成为游泳池中最抢眼的高手，就必须比别人多"喝"水……

人生的诀窍就在于经营好自己的长处，扬长避短，才能创造出人生的辉煌。若舍本逐末，用自己的弱项和别人的强项拼，失败的只能是自己。从这个角度来说，千万别轻视了自己的一技之长，尽管它可能并不高雅，却可能是你终生依赖的财富。

每个人都不是弱者，每个人都有实现自己梦想的可能，只要我们找准自己的最佳位置，努力经营自己的强项，并将这个专长发挥到极致，就一定能成为某一领域的"王者"。

## 像英雄一样昂首挺胸

自信是一种心境，自信的人不会在压力面前放弃自我。

生活中，自卑常常在不经意间闯进我们的内心世界，控制着我们的生活。在我们有所决定、有所取舍的时候，自卑向我们勒索着勇气与胆略；当我们碰到困难的时候，自卑会站在我们的背后大声地吓唬我们；当我们要大踏步向前迈进的时候，自卑会拉住我们的衣袖，告诉我们前面危机重重，仅凭一己之力根本无法应对……自卑就像蛀虫一样啃噬着我们的人格，它是我们走向成功的绊脚石，它是快乐生活的拦路虎。所以，我们不能一直活在自卑的阴影中，重拾你的自信，你也可以像世界名模一样昂首挺胸。

他是英国一位年轻的建筑设计师，很幸运地被邀请参与了温泽市政府大厅的设计工作。他运用工程力学的知识，根据自己的经验，很巧妙地设计了只用一根柱子支撑大厅天顶的方案。一年后，市政府请权威人士进行验收时，对他设计的一根支柱提出了异议。他们认为，用一根柱子支撑天花板太危险了，要求他再多加几根柱子。年轻的设计师十分自信，并且通过详细的计算和列举相关实例加以说明，拒绝了工程验收专家们的建议。他说："只要用一根柱子便足以保证大厅的稳固。"

他的固执惹恼了市政官员，年轻的设计师因此险些被送上法庭。在万不得已的情况下，他只好在大厅四周增加了4根柱子。不过，这4根柱子全部没有接触天花板，其间相隔了无法让人察觉的两毫米。

时光如梭，岁月更迭，一晃就是300年。

300年的时间里，市政官员换了一批又一批，市政府大厅坚固如初。直到20世纪后期，市政府准备修缮大厅的天顶时，才发现了这个秘密。

消息传出，世界各国的建筑师和游客慕名前来，观赏这几根神奇的柱子，并把这个市政大厅称作"嘲笑无知的建筑"。最让人们称奇的是这位建筑师当年刻在中央圆柱顶端的一行字：

自信和真理只需要一根支柱。

这位年轻的设计师就是克里斯托·莱伊恩，一个很陌生的名字。今天，能够找到有关他的资料实在是微乎其微，但在仅存的一点资料中，记录了他当时说过的一句话："我很自信。至少100年后,当你们面对这根柱子时,只能哑口无言,甚至瞠目结舌。我要说明的是,你们看到的不是什么奇迹,而是我对自信的一点坚持。"

一味地轻视自己,不敢相信自己的想法和决策的情绪一旦占据心头,就会腐蚀一个人的斗志,犹豫、忧郁、烦恼、焦虑也便纷至沓来。

我们每个人存在于这个世上,都是有价值的个体,如果将别人的价值观生硬地贴在自己身上,那么自己也就不再真实可爱了,反而会因为我们达不到别人的高度,而产生自卑情绪。每个人都是自己舞台上的明星,不用别人给你灯光,自信的力量可以让你光芒四射。

## 独立自主的人最可爱

自信情绪的产生源于擅于驾驭自我命运的能力,这种人懂得生活的真谛,是最幸福的人,正像康德所说:"我早已致力于我决心保持的东西,我将沿着自己的路走下去,什么也无法阻止我对它的追求。"最高的自立是追随自己的心灵,相信自己是正确的,不被任何人的评断所左右的精神上的自立。

来自剑桥郡的世界第一名女性打击乐独奏家伊芙琳·格兰妮说:"从一开始我就决定:一定不要让其他人的观点消磨我成为一名音乐家的热情。"

她成长在苏格兰东北部的一个农场,从8岁时她就开始学习钢琴。随着年龄的增长,她对音乐的热情与日俱增。但不幸的是,她的听力却在渐渐地下降，医生们断定是难以康复的神经损伤造成的，而且断定到12岁她将彻底耳聋。可是，她对音乐的热爱却从未停止过。

她的目标是成为打击乐独奏家，虽然当时并没有这么一类音乐家。为了演奏，她学会用不同的方法"聆听"其他人演奏的音乐。她只穿着长袜演奏，这样她就能通过她的身体和想象感觉到每个音符的震动，她几乎用她所有的感官来感受着她的整个声音世界。她决心成为一名音乐家，于是她向伦敦著名的皇家音乐学院提出了申请。

因为以前从来没有一个耳聋学生提出过申请，所以一些老师反对接收她入学。但是她的演奏征服了所有的老师，她终于如愿以偿入了学，并在毕业时获得了学院的最高荣誉奖。

从那以后，她就致力于成为世界第一位专职的女性打击乐独奏家，并且为打击乐独奏谱写和改编了很多乐章，因为那时几乎没有专为打击乐而谱写的乐谱。

至今，她作为独奏家已经有十几年了，因为她很早就下定决心，不会仅仅由于医生诊断她完全变聋而放弃追求，因为医生的诊断并不意味着她的热情和信心不会创造奇迹。

伊芙琳用行动告诉我们世界上没有做不到的事情，所有的成功都源自自信和独立这两种正面力量。正如有句话说："在这个世界上最坚强的人是孤独的、只靠自己站着的人。"这样的人即使濒临绝境，也依然能认清自己和世界，进而克服自己所有的弱点，超越自身和一切的痛苦，进入真正自主的世界。赤橙黄绿青蓝紫，谁都应该有自己的一片天地和特有的亮丽色彩。你应该果断地、毫不顾忌地向世人宣告并展示你的能力、你的风采、你的气度、你的才智。在生活的道路上，必须善于做出抉择，不要总是踩着别人的脚步走，不要总是听凭他人摆布，而要勇敢地驾驭自己的命运，做自己的主宰，做命运的主人。

一位成功人士回忆他的经历时说："小学六年级的时候，我考试得了第一名，老师送我一本世界地图，我好高兴，跑回家就开始看这本世界地图。很不幸，那天轮到我为家人烧洗澡水。我就一边烧水，一边在灶边看地图，看到一张埃及地图，想到埃及很好，埃及有金字塔，有埃及艳后，有尼罗河，有法老王，有很多神秘的东西，心想长大以后如果有机会我一定要去埃及看看。

"看得入神的时候，突然有人从浴室冲出来，用很大的声音跟我说：'你在干什么？'我抬头一看，原来是父亲，我说：'我在看地图。'父亲很生气，说：'火都熄了，看什么地图！'我说：'我在看埃及的地图。'父亲跑过来'啪、啪'给了我两个耳光，然后说：'赶快生火，看什么埃及地图！'打完后，又踢了我屁股一脚，把我踢到火炉旁边，用很严肃的表情跟我讲：'我向你保证！你这辈子不可能到那么遥远的地方去！赶快生火！'

"我当时看着父亲，呆住了，心想：父亲怎么给我这么奇怪的保证，真的吗？我这一生真的不可能去埃及吗？20年后，我第一次出国就去了埃及，我的朋友都问我：'到埃及干什么？'那时候还没开放观光，出国是很难的。我说：'因为我的生命不能被别人设定。'

"有一天，我坐在金字塔前面的台阶上，买了张明信片寄给父亲。我写道：'亲爱的父亲：我现在在埃及的金字塔前面给你写信，记得小时候，你打我两个耳光，踢我一脚，保证我不能到这么远的地方来，现在我就坐在这里给你写信。'我写信的时候感触很深，而父亲收到明信片时跟我妈妈说：'哦！这是哪一次打的，怎么那么有效？一脚踢到埃及去了。'"

这位成功人士的情绪之所以没有受到父亲的影响，正是源自"我的生命不能被别人设定"的这种信念。的确，在宇宙的中心，回响着那个坚定神秘的音符："我"，如果你听从它的呼唤，致力于你追求的东西，那么你必将突破别人对你的设定，牢牢掌控你的命运。正如泰戈尔所说："我存在，乃是所谓生命的一个永久的奇迹。"人若失去自己，是一种不幸；人若失去自主，则是人生最大的缺憾。

人生之中，无论我们处于在他人看来如何卑微的境地，我们都不要用自暴自弃的情绪来面对生活和自己，只要渴望崛起的信念尚存，生命始终蕴藏着巨大的潜能。只要我们能坚定不移地笑对生活，对自己的生命拥有热爱之情，对自己的潜能抱着肯定的想法，这样，生命就会爆发出前所未有的能量，创造令人惊奇的成绩。

## 善于发现自己的优点

我们每个人都不会一无是处。人人都潜藏着独特的天赋，这种天赋就像金矿一样埋藏在看似平淡无奇的生命中。对于那些总是羡慕别人，认为自己一无是处的人，是挖掘不到自身的金矿的。

在人生的坐标系中，一个人如果站错了位置——用他自己的短处而不是长处来谋生的话，那是非常可怕的，他可能在自卑和失意中沉沦。只有紧紧抓住自己的优点，并且加以利用，才有可能成功。

每个人都有自己的特长、优势，要学会欣赏自己、珍爱自己、为自己骄傲。没有必要因别人的出色而看轻自己，也许，你在羡慕别人的同时，自己也正被他人羡慕着。

每个人身上都有优点与缺点，但人们在羡慕别人的同时，却很容易忽略自身的优点。有些人对自己的缺点耿耿于怀，却不知道自己身上的优点。一片树叶总有一滴露水养着，人人都会有完全属于自己的一片天地。我们在拥有自己长处的同时，总会在某些方面不如别人。每个人活在世上，受各种因素影响，都会有各种不足的地方，如果因此而失去自己的人生定位及目标，无疑是可悲的。

有一个叫爱丽莎的美丽女孩，总是觉得自己没有人喜欢，总是担心自己嫁不出去。

一个周末的上午，这位痛苦的姑娘去找一位有名的心理学家，心理学家请爱丽莎坐下，跟她谈话，最后他对爱丽莎说："爱丽莎，我会有办法的，但你得按我说的去做。"他要爱丽莎去买一套新衣服，再去修整一下自己的头发，他要爱丽莎打扮得漂漂亮亮的，告诉她星期一他家有个晚会，他要请她来参加，并按着他的嘱咐来办。

星期一这天，爱丽莎衣衫合适、发式得体地来到晚会上。她按照心理学家的嘱咐，一会儿和客人打招呼，一会儿帮客人端饮料，她在客人间不停穿梭，来回奔走，始终在帮助别人，完全忘记了自己。她眼神活泼，笑容可掬，成了晚会上的一道彩虹，晚会结束后，有三位男士自告奋勇要送她回家。

在随后的日子里，这三位男士热烈地追求着爱丽莎，她选中了其中一位，让他给自己戴上了订婚戒指。不久，在婚礼上，有人对这位心理学家说："你创造了奇迹。""不，"心理学家说，"是她自己为自己创造了奇迹。人不能总想着自己，怜惜自己，而应该想着别人，体恤别人，爱丽莎懂得了这个道理，所以变了。所有的女人都能拥有这个奇迹，只要你想，你就能让自己变得美丽。"

爱丽莎的幸福是她发现了自己原来也是一朵有魅力的玫瑰。每个人身上都有别人所没有的东西，都有比别人做得好的地方，这就是属于你自己的特长，这是你身上最值得肯定的地方。不要拿别人的长处来和自己的短处相比，这样会掩盖掉你身上闪光的亮点，压抑你向上发展的自信。要充分地肯定自己的长处，始终如一地肯定。

自然界有一种补偿原则，当你在某方面很有优势时，肯定在另一个方面有所不足。而当你在某个方面拥有缺点时，可能又在另一个方面拥有优点。如果你想要出类拔萃，就必须腾出时间和精力来把自己的强项磨砺得更加锋利。

高情商的人，在漫漫的人生旅途中，能找到自己的强项与优势，同样他们也就找到了通往成功的大门。那么，如果你是鱼，就跳进大海，在茫茫的大海里尽情畅游；如果你是鹰，就飞向蓝天，在广阔的天空里自由翱翔。

## 打造一颗超越自己的心

每天超越自己，哪怕超越一点点，你就能每天都有进步，你就能越来越接近成功。无法每天超越自己的人，通常成不了大事。只要相信自己，不论多么艰巨的任务，你必能完成。反过来说，如果对自己缺乏信心，即使是最简单的事，对你也是一座无力攀登的险峰。

每个人心中都沉睡着一个巨人，当你唤醒了他，他就能助你完成自己的人生理想，成为了不起的人物。很遗憾，大部分人还没有唤醒心中的巨人就已经离开了人世，这是一个巨大的悲哀。

什么样的人生才算是唤醒了自己心中的巨人呢？一定要实现历史巨人那样的丰功伟业才算是不枉此生吗？也不尽然。其实，将自己内心的巨人唤醒，可能源于一次意外事件的刺激，也可能是长期一点一滴的改变。今天比昨天好，现在比过去好，这就是超越。

1968年，在墨西哥奥运会的百米赛场上，美国选手海恩斯撞线后，激动地看着运动场上的计时牌。当指示器打出9.9秒的字样时，他摊开双手，自言自语地说了一句话。

后来，有一位叫戴维的记者在回放当年的赛场实况时再次看到海恩斯撞线的镜头，这是人类历史上第一次在百米赛道上突破10秒大关。看到自己破纪录的那一瞬，海恩斯一定说了一句不同凡响的话，但这一新闻点，竟被现场的四百多名记者疏忽了。因此，戴维决定采访海恩斯，问问他当时到底说了一句什么话。戴维很快找到海恩斯，问起当年的情景，海恩斯竟然毫无印象，甚至否认当时说过什么话。戴维说："你确实说了，有录像带为证。"海恩斯看完戴维带去的录像带，笑了。他说："难道你没听见吗？我说：'上帝啊，那扇门原来是虚掩的。'"谜底揭开后，戴维对海恩斯进行了深入采访。

自从欧文斯创造了 10.3 秒的成绩后，曾有一位医学家断言，人类的肌肉纤维所承载的运动极限，不会超过每秒 10 米。

海恩斯说："30 年来，这一说法在田径场上非常流行，我也以为这是真理。但是，我想，自己至少应该跑出 10.1 秒的成绩。每天，我以最快的速度跑 5000 米，我知道百米冠军不是在百米赛道上练出来的。所以我每天尽可能地跑得更快，尽可能地超越自己。当我在墨西哥奥运会上看到自己 9.9 秒的纪录后，惊呆了。原来，10 秒这个门不是紧锁的，而是虚掩的，就像终点那根横着的绳子一样。"

后来，戴维撰写了一篇报道，填补了墨西哥奥运会留下的一个空白。不过，人们认为它的意义不限于此，海恩斯的那句话，为我们留下的启迪更为重要，因为只要推开那扇门，我们就超越了。

海恩斯之所以会取得惊人的成绩，是因为他明白一个人只有战胜情绪问题，不断超越自我，才能全面发展自己。只要每一天都有超越自己的地方，或者是让自己的优点更加稳固，这样的成长都是值得期待的、充满希望的。但今天和昨天一个样，甚至不如昨天，这样的生活就会令人厌倦、感到无望至极。

成功的动力源于拥有一个不断超越的进取目标。人生就是一个不断超越的过程。

追求超越自我的人，每一分每一秒都活得很踏实，他们尽其所能享受、关心他人、做事并付出。除了工作和赚钱以外，他们的人生还有其他意义。若非如此，即使身居高位，生活富裕，也会感到空虚、乏味，不知生活的乐趣究竟在哪里。

在成长的过程中，很多人因为遭受来自社会、家庭的议论、否定、批评和打击，奋发向上的热情会慢慢冷却，逐渐丧失了信心和勇气，对失败惶恐不安，变得懦弱、狭隘、自卑、孤僻、害怕承担责任、不思进取、不敢拼搏。事实上，他们不是输给了外界压力，而是输给了自己。很多时候，阻挡我们前进的不是别人，而是我们自己。

## 第四节　享受平静：改变从心开始

### "接受"才会平静

在荷兰阿姆斯特丹，有一座15世纪建造的寺院，寺院的废墟里有一座石碑，石碑上刻着：既已成为事实，只能如此。

天有不测风云，人有旦夕祸福。人活在世上，谁都难免遇上几次灾难或某些难以改变的事情。世上有些事是可以抗拒的，有些事是无法抗拒的，如亲人亡故和各种自然灾害，既已成为事实，你只能接受它、适应它。否则，忧闷、悲伤、焦虑、失眠会接踵而来，最后的结局是，你没有改变这些事实，反而让它们改变了你。

有一位老教授，他有一只祖传三代的玉镯，每天擦了又擦、看了又看，真是爱不释手。一天，玉镯不小心掉在地上摔碎了，老教授心痛万分，从此茶饭不思，人变得越来越憔悴。时隔一年，他离开了人世。最后咽气时，手里还紧紧攥着那只破碎的玉镯子。

老教授由于在玉镯摔碎的刺激下，再也无法保持内心的平静，情绪日益消沉，最后竟然撒手人寰。

任何人遇上灾难，情绪都会受到影响，这时一定要操纵好情绪的转换器。面对无法改变的不幸或无能为力的事，就抬起头来，对天大喊："这没有什么了不起，它不可能打败我。"或者耸耸肩，默默地告诉自己："忘掉它吧，这一切都会过去！"

紧接着就要往头脑里补充新东西，这种补充能使情绪"转换器"发生积极作用。最好的办法是用繁忙的工作去补充、转换，也可以通过参加有兴趣的活动来抚平心灵的创伤。如果这时有新的思想和意识突发出来，那就是最佳的补充和转换。

物理学家普朗克在研究量子理论的时候，妻子去世，两个女儿先后死于难产，儿子又不幸死于战争。面对这一系列的不幸，普朗克没有过多地去怨悔，而是用废寝忘食的工作来转移自己内心巨大的悲痛。情绪的转换不但使他减轻了痛苦，还促使他发现了基本量子，获得诺贝尔物理学奖。可以肯定地说，控制好自己的情绪，才能解救自己。

## 建一道宠辱不惊的防线

人生在世，谁都会遇到许多不尽如人意的事，关键是你要以平和的心态去面对这一切。世界总是凡人的世界，生活更是大众的生活。我们要在平和的心态中寻找一份希望，驱散心中的阴霾。

平和就是对人对事有豁达的心胸，不斤斤计较生活中的得失，超脱世俗困扰、远离红尘诱惑，视功名利禄为过眼烟云，有博大的胸怀。这样的心态，不是看破红尘、心灰意冷，也不是与世无争、冷眼旁观、随波逐流，而是一种修养、一种境界。

拜伦说："真正有血性的人，绝不乞求别人的重视，也不怕被人忽视。"爱因斯坦用支票当书签，居里夫人把诺贝尔奖牌给女儿当玩具。莫笑他们的"荒唐"之举，这正是他们淡泊名利的平常心的表现，是他们崇高精神的折射。他们赢得了世人的尊重和敬仰，也震撼了我们的灵魂。

日本有个白隐禅师，由于他对宠辱的超然态度，受到了人们的尊重。

有一对夫妇，在住处附近开了一家食品店，家里有一个漂亮的女儿。无意间，夫妇俩发现女儿的肚子无缘无故地大了起来。这种羞耻的事，使得她的父母震怒异常！在父母的一再逼问下，她终于吞吞吐吐地说出"白隐"两字。

她的父母怒不可遏地去找白隐理论，但这位大师不置可否，只若无其事地答道："就是这样吗？"孩子生下来后，就被送给白隐。此时，白隐的名誉虽已扫地，但他并不以为然，只是非常细心地照顾孩子——他向邻居乞求婴儿所需的奶水和其他用品，虽不免横遭白眼，或是冷嘲热讽，但他总是处之泰然，仿佛他是受托抚养别人的孩子一般。

事隔一年后，这位未婚妈妈终于不忍心再欺瞒下去了。她向父母吐露真情：孩子的生父是在鱼市工作的一名青年。

她的父母立即将她带到白隐那里，向他道歉，请他原谅，并将孩子带回。

白隐仍旧淡然如水，他只是在交回孩子的时候，轻声说道："就是这样吗？"仿佛不曾发生过什么事，所有的责难与难堪，对他来说就如微风一般，风过无痕。

是非公道自在人心。人是为自己而活，不要让外物的得失而扰乱了自己的心。白隐守住了自己心中的那份平和，外界的非议对他来说，也就无足轻重了。

平和贵在平常，对待外物得失的超然态度只是其外在表现，真正平和的是一颗心。内心修炼至宠辱不惊的境界，不仅会正确对待得失，更会在人生大痛苦、大挫折前波澜不惊、生死不畏。

宠辱不惊，超脱了眼前的荣辱得失，心静如水，是人生一大智慧。宠辱俱平常，人生境界实不平常。事事平常，事事也不平常。无论处于何种环境下，都能做到宠辱不惊，那一定是个了不起的人，就如孔子所赞美的，不是个圣人，也是个贤人。以平和的心态踏踏实实地做事，坦坦荡荡地做人，并不因为工作的琐细而拒绝平凡的生活，并不因为名利的诱惑而放弃做人的原则。见识人生百态，品尝人间百味，积累丰富的阅历和诸多的感慨用于指点后人，这何尝不是一种幸福？

拥有平和的心态，笑对一切，即使失败了也不要一蹶不振，只要你奋斗过、拼搏过，就可以无愧地对自己说："天空不留下我的痕迹，但我已飞过。"（泰戈尔语）这样就会赢得一个广阔的心灵空间，得而不喜，失而不忧，从而把自己的人生提升到一种宠辱不惊的境界。

## 人生要懂得享受孤独

波澜万丈的生活激荡人心，令人心驰神往，但在人生的河流中，更多时候则是平静的，你总要学会一个人慢慢地享受人生，总会有那么一个时刻，你是孤独无助的，但不要害怕，因为这本身就是人生给你的最高馈赠，正如罗曼·罗兰所说："世上只有一个真理，便是忠实人生，并且爱它。"那么，当孤独来临时，去体味它，享受它，在欣赏完夏花的绚烂之后，不妨沉下心来，品读秋叶的静美。

孤独是一种难得的感觉，在感到孤独时轻轻地合上门和窗，隔着外面喧闹的世界，默默地坐在书架前，用粗糙的手掌爱抚地拂去书本上的灰尘，翻着书页嗅觉立刻又触到了久违的纸墨清香。正像作家纪伯伦所说："孤独，是忧愁的伴侣，也是精神活动的密友。"孤独，是人的一种宿命，更是精神优秀者所必然选择的一种命运。

布雷斯巴斯达曾说："所有人类的不幸，都是起始于无法一个人安静地坐在房间里。"许多人抱怨生活的压力太大，感到内心烦躁，不得清闲。于是，追求清静成了许多人的梦想，却害怕孤独。其实孤独才是人生中的一种大境界，它是一首诗，一道风景，是那种你在桥上看风景，看风景的人在桥上看你的美丽。

洗尽尘俗，褪去铅华，在这喧嚣的尘世之中，要保持心灵的清静，必须学会享受孤独。孤独就像个沉默少言的朋友，在清净淡雅的房间里陪你静坐，虽然不会给你谆谆教导，却会引领你反思生活的本质及生命的真谛。孤独时你可以回味一下过去的事情，以明得失，也可以计划一下未来，以未雨绸缪；你也可以静下心来读点书，让书籍来滋养一下干枯的心田；也可以和妻子一起去散散步，弥补一下失落的情感；还可以和朋友聊聊天，谈古论今，不是神仙，胜似神仙。

孤独，实在是内心一种难得的感受。当你想要躲避它时，表示你已经深深感受到它的存在。此时，不妨轻轻地关上门窗，隔去外界的喧闹，一个人独处，细心品味孤独的滋味。虽然它静寂无声，却可以让你更好地透视生活，在人生的大起大落面前，保持一种洞若观火的清明和远观的睿智。

在人生的漫漫长路中，孤独常常不请自来地出现在我们面前。在广阔的田野上，在"行人欲断魂"的街头，在幽静的校园里，在深夜黑暗的房间中，你都能隐约感受到孤独的灵魂。在现代社会中为生存而挣扎的人总会有一种身在异国他乡之感：冷漠、陌生，好像"站在森林里迟疑不定，不知走向何方"，好像"动物引导着自己"，"感到在众人中比在动物中更加危险"，又好像"独坐在醉醺醺的世人之中"，哀诉人间的不公正。总之，互相猜忌，彼此欺诈，黑暗笼罩着去路，危险隐藏在背后，这些就是人生现实的写照。

而保留一点孤独则可以使你"远看"事物，即对事物作远景的透视，只有这样才能达到万物合一、生命永恒的境界，在这种境界中，你可以倾诉一切，可以诚实坦率地向万物说话，人们彼此开诚布公。这也是一种艺术审美的境界，它能使事物美丽、诱人，令人渴慕，使人成为自己的主人，使人生获得意义和价值。尘世中，无数人眷恋轰轰烈烈，以拜金主义为唯一原则而没头没脑地聚集在一起互相排挤、相互厮杀。而生活的智者却总能以孤独之心看孤独之事，自始至终都保持独立的人格，流一江春水细浪淘洗劳累忙碌的身躯，存一颗娴静淡泊之心寄寓无所栖息的灵魂。

这是孤独的净化，它让人感动，让人真实又美丽，它是一种心境，氤氲出一种清幽与秀逸，营造出一种形胜独处的自得和孤高，去获得心灵的愉悦，获得理性的沉思，与潜藏灵魂深层的思想交流，找到某种攀升的信念，去换取内心的宁静与博大致远的菩提梵境。

## 不怕失去，得到不忘形

所谓平常心，就是既能不甘人后、压倒一切，又能虚怀若谷、大度包容，面对各种纷争，以从容平淡的心态面对。

在奥运会上夺得金牌的冠军，接受媒体采访时，说得最多的一句话就是：保持了平常的心态。的确，在竞技场上保持平常心态，能使竞技者超水平发挥，取得更为优异的成绩。工作中，保持不计较得失，不苛求回报的平常心也是非常重要的。

实际上，很多人并不是败给自己的能力，而是败给自己无法掌控的心态。现实工作中，在激烈的竞争形势与强烈的成功欲望的双重压力下，从业者往往会出现焦虑、急躁、慌乱、失落、颓废、茫然、百无聊赖等负面的情绪，这类情绪一旦发作，就会让人丧失对自身的定位，变得无所适从，从而大大影响个人能力的发挥，使自己的工作效能大打折扣。

古人云："宁静以致远，淡泊以明志。"不管我们身在何种职场，只要能远离浮躁，保持一颗平常心，就能超越自己，成为一名成功人士。

对一名成功人士来说，保持一颗平常心主要有以下几个方面的好处：

### 1. 可以让人更容易接近

工作与生活中，有些人喜欢张扬自我，说一些冠冕堂皇的话，替自己的言行做各种粉饰。尤其名利得失之心较重的人，更喜欢处处炫耀自己比别人优秀。这样的人是很难让别人接近的。保持平常心的人不会有上述特征。他们那种宠辱不惊、真诚待人的态度让人乐意接近。

### 2. 可以让你更好地认识自己

拥有平常心可以更清楚地认识自我，把自己的内心从身体中分隔出来，再从外界仔细地审视。能做到这一点，我们才能更准确地了解自己。这样做的人很少会犯错误，他们更清楚自己的特长是什么，又有哪些缺点，自然不会受偏见的左右。

### 3. 可以提高你的领导效能

居于领导地位的人，最重要的就是要了解自己的缺点，同时让下属知道，并请大家纠正自己的不足。领导者不是完美无缺的，正如每位下属也并非全知全能一样。也许领导者的缺点会比下属少一点，但是世界上没有完美无瑕的人。

### 4. 可以更好地摆脱忧虑

忧虑引发的疾病要比生理上的疾病多。有些医生指出，医院里一半以上病人的不适都是忧虑引起的，或者因忧虑加重了病情。其实很多事情发生以后，我们才会发现过去所忧虑的事儿真是小题大做、荒谬可笑。很多忧虑只是为了琐碎小事，几个小时后，我们就会奇怪当时怎么会那么不痛快。其实只要心平气和，就不会为琐碎小事烦忧。

### 5. 可以让你正确地对待错过的东西

一位哲学家说过："过去是一张透支的支票，明天是一张未到期的期票，只有今天才是现金，是最值得珍惜的。"抱怨不能改变的过去，不如重新开始。

忧虑未来就是浪费今天的精力。精神的压力、神经的疲惫以及为未来的忧虑会让你跌入失败的深渊。保持一颗平常心可以让你正确地看待错过的东西，更积极、有效地开展自己的工作。

或许我们曾经失去了某种重要的东西，错过了很多不该错过的事情；也或许我们正在恐惧一些即将发生的事情，担心那些事情会造成不好的影响，为此惶惶不可终日。但从现在开始，拥有一颗平常心，心平气和地对待一切，不要害怕失去，也不要害怕得到，生活将会是另一片崭新的天地。

Chapter 5

第五章

**做情绪的主人，**

**成就强大的自己**

## 第一节　提升情商，在沟通中彰显情绪的作用

### "逆境情商"帮你克服挫折情绪

真正的高情商者不是永远不会遭遇困难，而是身处挫折时坚强不屈。他们热爱自己的事业，不怕长途跋涉，不怕肩负重担，好似飞蛾扑火，绝不会轻言放弃。

为自己设置好情绪的程序，当我们身处逆境时，及时启动，我们就不会陷入被动的境地。

山里住着一位以砍柴为生的樵夫，在他不断地辛苦建造下，终于完成了一间可以遮风挡雨的房子。有一天，他挑着砍好的木柴到城里交货，当他黄昏回家时，却发现他的房子起火了。左邻右舍都前来帮忙救火，但是因为傍晚的风势过大，没有办法将火扑灭，一群人只能静待一旁，眼睁睁地看着炽烈的火焰吞噬了整栋小屋。

当大火终于灭了的时候，只见这位樵夫手里拿着一根棍子，跑进倒塌的屋里不断地翻找着。围观的邻人以为他在翻找藏在屋里的珍贵宝物，所以都好奇地在一旁注视着他的举动。过了半晌，樵夫终于兴奋地叫着："我找到了！我找到了！"邻人纷纷向前一探究竟，才发现樵夫手里捧着的是一片斧刀，根本不是什么值钱的宝物。

只见樵夫兴奋地将木棍嵌进斧刀里，充满自信地说："只要有这柄斧头，我就可以再建造一个更坚固耐用的家。"

事情对我们发生什么作用，将因我们在内心发现什么来定。生命并非总是由一手好牌来决定，往往是由善于处理一手坏牌来决定的。

人们往往把外界的挫折看作人生中纯粹消极的、应该完全否定的东西。当然，外界的折磨与挫折不同于主动冒险，冒险有一种挑战的快感，而我们忍受折磨总是迫不得已的。然而，对于高情商的人来说，那些挫折和横逆的折磨不但不是消极的，还是一种促进他们成长的积极因素。

如果你现在还在遭受这样那样的折磨，你就该庆幸，因为命运给了你战胜自我、升华自我的机会。换一种眼光来看待这些折磨吧，感谢那些在工作和生活中折磨你的人，你就会获得幸福。唯有以这种态度面对人生，才能获得真正的成功。

挫折是一笔宝贵的财富，它可以让人们的人生增值。

英国有一句谚语是这样的："一个人如果有自己系鞋带的能力，那么他就有上天摘星星的机会。"所以无论我们遇到什么样的困难,都应当把它当成一笔精神财富,为自己的人生增值。坚持到底,面对困难永不气馁,这样才能为自己赢得机会。

苦难不会长久,强者却可长存。卢梭曾说过:"人要是惧怕痛苦,惧怕折磨,惧怕不测的事情,那么他的人生就只剩下'逃避'二字。"生活中不如意的事情有很多,俗话说:"不如意事常有八九。"我们一生很少有一帆风顺的。人生际遇不是个人力量所能左右的,唯一能使我们迎接挫折而不被其击倒的办法,就是调动我们的好情绪,去正视它,接受它。

史铁生说:"对困境先要对它说'是',接纳它,然后试着跟它周旋,输了也是赢。"情绪也是如此,勇于向自己的坏情绪宣战,你就已经迈出了成功的第一步。

## 克服社交情绪恐惧症

社交恐惧情绪,是恐惧情绪中最常见的一种,也是诱发社交恐惧症的主要因素。

社交恐惧症是一种对任何社交或公开场合感到强烈恐惧或忧虑的精神疾病。有些患者对参加聚会、打电话、到商店购物或询问权威人士都感到困难。在心理学上被诊断为社交焦虑失协症,是焦虑症的一种。

社交恐惧症是非常痛苦、严重影响患者生活工作的一种心理障碍。一般人能够轻而易举办到的事,社交恐惧症患者却望而生畏。患者可能认为自己是个乏味的人,并认为别人也会那样想。

于是患者就会变得过于敏感，更不愿意打搅别人。而这样做，会使得患者感到更加焦虑和抑郁，从而使得社交恐惧的症状进一步恶化。许多患者通过改变他们的生活，来适应自己的症状。他们不得不错过许多有意义的活动。他们不能去逛商场买东西，不能建立正常的两性关系，不能带孩子去公园玩，甚至为了避免和人打交道，他们不得不放弃很好的工作机会。

形成社交恐惧症的因素有四个方面：

1. 心理原因

社交恐惧症患者一般自尊心较强，害怕被别人拒绝，或者对自己的外貌没有信心。

2. 家庭原因

从小性格受到压抑，或者是父母没有教会他们社交的技能，或者是家庭搬迁过于频繁。

3. 社会原因

本身所处的社会环境较为恶劣，与人交往时受到的挫折较多。

4. 思维方式

性格其实就是人自身思维方式的一种外在体现，不正确的思维方式造就了社交恐惧症。

人是社会动物，需要开放、诚实，有支持力的人际关系，这样才能活得健康而快乐。在社会这个大家庭中，我们需要体验的不只是联系，更需要进一步地与他人互相沟通感情。要想在社会中占有一席之地，我们就需要一个能让我们自由完整地表达和确认感觉的人际关系。

然而，不稳定的情绪会妨碍这种人际关系的建造，它让我们在与其他人联系时，就是创造不出深交所需的亲密感。因此，我们要把影响我们正常社交的坏情绪揪出来，静下心来做一番深刻的分析，找出问题的症结，然后再疏导不良情绪，不要让它不合时宜地出现在公共场合，影响我们的社交心境。

克服社交恐惧情绪的方法有很多，在这里，教给大家一个简单又易操作的小妙招：微笑。

是的，微笑，先从微笑开始，真诚的微笑是社交的通行证。它向对方表白自己没有敌意，并可进一步表示欢迎和友善。因此微笑如春风，使人感到温暖、亲切和愉快，它能给谈话带来融洽平和的气氛。

## 理解他人的情绪

人的一生中，有许许多多无可奈何、身不由己的事情，就好比一碗满满的水一样，稍不留神就会溢出来，所以，有些事情难免影响自己的情绪。当然，人的忍耐是有一定限度的，在一时的气愤之下很难控制自己的情绪。

我们都知道，当我们的情绪不受控时，会引发许多不好的反应，而且会弄僵原本和气的氛围，让无辜的人也受到波及。一位哲学家曾说过这样一句话："体谅好比是一种心理解脱，体谅别人的同时，也使自己得到解脱。"其实人人都是一样的，人同此心，心同此理。当他人发脾气、抱怨、疑惑、愤怒的时候，我们也要尊重他们的情绪，并对此加以体谅。体谅是一种最有效的心理良药，能使人摆脱不良心境的困惑。所以，当工作中遇到不顺心的事，在没有了解事情原委之前，不要随便指责他人。

下面，我们先来看看，对待他人的消极情绪人们通常采取的方式，我们分成两组，A组是消极的抚慰方式，B组是积极的抚慰方式，看一下，你是哪一种，是不是做到了理解他人的情绪。

A组：

交换型：一个小朋友因为丢了心爱的铅笔刀而伤心，这时他妈妈说："宝贝，妈妈再给你买一个玩具，但你要保证不哭了，我才给你买。"在我们身边，经常可看到这样的情况，当一个人因为某些事情而悲伤难过时，他身边的朋友总会说："你不要再难过了，我们去散散步、兜兜风吧。"面对别人的悲伤，我们总会让他去做别的一些事来转移注意力。

惩罚型：很多人在面对别人的悲伤、害怕、生气和愤怒等情绪时，在劝说无效的情况下，往往就会采用批评、指责或训斥的态度对待他，尤其是家长对孩子、领导对下属最常采取这种方法。

冷漠型：面对一个人出现一些自己承受不了的情绪时，他的亲人或朋友往往会采取逃走或忽略的态度。很多家长当自己的孩子有情绪时，他们要么走开，要么置之不理，任孩子承受情绪的煎熬。

说教型：孩子闹情绪，家长会给他讲一大堆道理；员工有情绪，老板会给他讲一堆大道理。诸如怎么一点小事就哭，你应该做负责任的人等。很多人习惯用"应该"和"不应该"的道理去试图阻止别人的情绪发生，身边的长者、家人或好朋友就经常会用这种方式来"安慰"和"关怀"我们。

使用这四种情绪处理方式对人对己都没好处，尤其是对他人会造成诸多影响。首先，会让人产生悲伤、难过、愤怒、恐惧等一切的所谓负面情绪，只要表现出来，就有害无益。其次，会让自己变得越来越没有能力面对和处理情绪，不利于从情绪的体验当中学习提升并获取正面的价值。情绪长期得不到正确对待和处理的人，内心世界将会更加封闭，他们往往压抑自己的真实情绪，导致逐渐失去流动的生命力。

要改进或提升其他人的生命品质，比如自己的员工或同事、朋友等，需要做到先处理情绪，再处理事情。有效工具是积极聆听，通过有效的聆听、发问、区分和回应，设身处地了解和接纳他人的情绪，解读其未觉察的内在情感，协助对方处理情绪。

B组：

接纳：这一点在处理单位人际关系时特别需要，看到同事不开心，不要躲开他，而是走到他身边，用关切的语气问："我看到你愁眉不展的样子，好像不开心，发生了什么事？需要帮助吗？"当你用这种认同的口吻和对方说话时，对方一定能感受到你的关怀及诚意。对情感比较"麻木"的人来说，你的这种接纳帮他恢复了情绪知觉，他没有理由不被你感动。

分享：成功接纳了对方的情绪，他才愿意进一步和你谈内心的感受。分享的第一步就是诉说内心感受，一般来说，女性情感表达的平均能力要远远高于男性，心理开放的人比心理压抑的人在表达上更清晰、更敏锐。在对方对自身情感未能觉察的情况下,你可以有意识地引导他表达感受,和他一起分享这种感觉,协助他学习区分情绪的界限。等对方情绪稳定下来,肯定就会说出事情的经过。

区分:帮助对方区分哪些责任是他应该负却没有做好的,而哪些责任又是外在的客观属性。如一个同事在办公室讲"荤笑话"被上司处罚,心情很沮丧,这时可以问他:"你觉得哪些行为在办公室不能做?"他会很清晰地回答:"这次被罚就知道了,办公室里禁谈色情内容。"通过这个问题很容易就让对方了解了做事的界限,使他在把控自己的行为上更准确、稳重。

回应:最后还是应该回归到现实中,让对方制订一个有效的行动计划,以达成预定的目标。

大家可以问自己这样几个问题:这件事的发生对我有什么好处、现在的状况还有哪些不完善、我现在要做哪些事情才能达成我要的结果、过程中哪些错误我不能再犯及我要如何达成目标并且享受过程?通过这几个问题来加强自己规划方案的有效性和行动的准确性。

日常生活中时有这样、那样的事情发生,比如,脾气暴躁的人在遇到不合自己意或不顺心的事时,很容易生闷气、发脾气、做事沉不住气、不分青红皂白地指责人家,把自己的痛苦建立在别人的快乐之上,来排遣自己心中的不满。

我们应该抱着与人为善的态度,对别人的错误,在不伤害别人自尊心的前提下,诚恳而婉转地加以解释与劝导,安慰他人,鼓励他们改正，这样做，对于改善你的人际关系更有效。不要随便指责别人的坏情绪。

　　怎么样，找到属于你的正确方式了吗？仔细分析一下利弊，掌握最好的方式，这样，不但能帮助他人缓解情绪，还会让你多个知心朋友。

## 第二节　掌握情绪转换的技巧

### 调换一下位置，效果大不同

任何事物都有它的多面性，比如鸡蛋，你横着看，它是扁圆的，立起来看，它就会被拉长；如果一个人的背影，纤细高挑，我们就会想，这人一定是个美女，但当你真正看到她的样子的时候，你或许就失望了。

位置变了，效果自然也有了改变。人常说："万事万物都是多面的，都是一把双刃剑，有利就有弊。"

有这样一个故事，一个诗人听说一个年轻人想跳桥自杀，而他手里拿着的是诗人的诗集《命运扼住了我的喉咙》。诗人听说后，拿了另一本诗集，赶紧冲到桥上。诗人来到桥上，走到年轻人面前。年轻人见有人上前，便做出欲跳的姿态说道："你不要过来！你不用劝我，我是不会下来的，命运对我太不公平了。"诗人冷冷地说："我不是来劝你的，我是来取回我那本诗集的。"年轻人听了很疑惑，竟然不知道该说什么了。

"我要将这本诗集撕碎，不再让它毒害别人的思想，我可以用我手中的这本诗集和你手中的那本交换。"年轻人犹豫了一会儿，答应了诗人的请求。年轻人接过诗人手上的那本诗集，有点吃惊，因为诗人手上的那本诗集的名字和原来那本如此相似，但又是如此地不同——《我扼住了命运的喉咙》。

诗人接过年轻人手中的那本诗集，对着它凝望了一会儿，便将它撕得粉碎，撕完后，诗人又说道："当我四肢健全时，我曾多次站在你那里，但当我经历了那场车祸变成残疾后，我便再也没站在那儿过。"诗人说完，用深切的目光望着年轻人。年轻人迎着诗人的目光沉思了一会儿，终于从桥上下来了。

很多时候，我们和上面这个年轻人一样，总是被身边的人和事牵绊着、主宰着，把自己的人生交给命运，而忘了自己才是自己人生的主人，我们的命运和心灵应该由自己做主。

如果说生命是一艘航船，那么我们对舵的把握程度，就决定了我们拥有怎样的人生。一个人的命运好不好，是自己决定的。敢于主宰和规划人生，奇迹便会不断产生。

世界上的人基本上分为两大类：一种人拥有积极乐观的人生态度，而另外一种人拥有消极悲观的人生态度。不同的人生态度，决定不同的人生结果。积极乐观的人，总是自己掌握自己的命运之舵，从而顺利到达幸福的彼岸；而那些消极悲观的人，总是把自己的命运之舵交给别人，或者依靠所谓的命运之神，结果永远在苦海里挣扎。如果有了积极的心态，加之不断地努力奋斗，那么世上一切事情都有成功的可能。如果既没有积极的心态，又不肯好好去努力，那么将永远和幸福失之交臂。

诗人亨利曾经说过："我是命运的主人，我主宰我的心灵。"做人应该做自己的主人，应该主宰自己的命运，而不能把自己交付给别人。然而，生活中许多人却不能主宰自己，有的人成为金钱的奴隶；有的人成了权力的俘虏；有的人经不住生活中各种挫折与困难的考验，把自己交给了上帝；有的人经历一次失败后便迷失了自己，向命运低头，从此一蹶不振。

一个不想改变自己命运的人，是可悲的；一个不能靠自己的能力改变命运的人，是不幸的。要想获得成功，必定要经过无数的考验，而经受不住考验的人是绝对不能干出一番大事的。很多人之所以不能成就大事，关键就在于无法激发挑战命运的勇气和决心，不善于在现实中寻找答案。古今中外的成功者，无不是凭借自己的努力奋斗，掌控命运之舟，在波峰浪谷间破浪扬帆。

每个人都要努力做命运的主人，不能任由命运摆布。像莫扎特、梵·高这些历史上的名人都是我们的榜样，他们生前都遭遇过许多挫折，但他们没有屈服于命运，没有向命运低头，而是向命运发起了挑战，最终战胜了命运，成为自己的主人，成了命运的主宰。

情绪分两面，一面积极向上，为我们披荆斩棘地开创美好明天；一面消极沮丧，使我们丧失了创造美好生活的勇气，沦落为悲惨的人，如何选择，相信每个人都有了答案。不要把精力浪费在令人低落的事情上,换个角度,也许你就会发现让你重获勇气的一面。生活之所以美好,是因为它的不确定性,幸福就像是被压在石头下面的小草,只要我们用力移开石头,就会看到生命的绿色。

## 对坏情绪要宽容

坏情绪就像是行为古怪又喜欢玩恶作剧的孩子一样,我们不能因为孩子淘气就一味地惩罚他,这样只会助长他的叛逆。对待这样的孩子最好的方法就是宽容他,用细腻的情感抚慰他。对待坏情绪也是如此。

现代生活越来越禁锢着我们的思维,生存的危机感和责任感使得我们每一个人都不得不按照固定的模式去生活,久而久之,一成不变的生活开始让我们觉得乏味、无奈,于是,情绪的危机也逐渐开始蔓延。其实,我们完全可以找一个突破口,释放自己。

情绪的力量是可以蓄积的,是急于打开,还是慢慢引导,全取决于我们自己。被情绪束缚的我们,通常都会觉得心情降到冰点,莫名其妙地悲伤、莫名其妙地愤怒、莫名其妙地恐惧。在这个时候,如果一味地压抑,只会产生不好的结果;而如果一点点地释放情绪,适当地放松自己,会得到意想不到的收获。在职场,情绪化的人往往被贴上"不够成熟"的标签,陷入紧张情绪的我们,常常会无力迎接生活的挑战。

很多时候,忙碌的生活,让我们变成了一把始终强劲拉开的弓箭,我们要是始终绷紧神经,老是处于紧张状态,就会导致身心疲惫，在需要冲刺的关键时刻，往往有心无力，难免败下阵来。如果适当地放松一下，就可以缓解紧张的情绪，找到一个新的突破口。

小雅是一家外企的部门经理，每天都要处理很多文件和琐事，再加上烦扰的人际关系，让小雅对工作充满了厌倦情绪，在公司不能发脾气，她只能强忍着，回到家之后，她就失控了，动不动就大发脾气。

一天下班后，小雅感到很烦躁，也不想回家，就在街上溜达，鬼使神差地来到了一家酒吧的门口。这个酒吧看上去不是那么闹腾，进进出出的都是跟她年纪差不多的年轻人。

"进去看看吧。"小雅这么想着就走了进去。

小雅一直生活在一个很传统的家庭，这还是她第一次来这种场所。一直以来，小雅觉得酒吧是个很乱的场合。可是，这次她看到的完全不是那么一回事，几个年轻人围在一起喝酒谈事情，台上的歌手轻轻地唱着她最喜欢的英文经典老歌。

小雅一下子就爱上了这个地方，于是，她每天下班后都来这里坐上30分钟。甚至有一次，一时兴起的她走上台去唱了自己最拿手的歌，博得了满堂喝彩。酒吧的老板还邀请她去那里当驻唱歌手。

一段时间下来，小雅发现自己的情绪好了很多，每天都开开心心的，对工作的厌烦感也渐渐减弱。

小雅的情绪之所以得到缓解，就是那半个小时的放松起到的作用。给自己的坏情绪找一个出口，不要一味地去压制它，你自然就会静下心来。

渴望生存，追求快乐，是人的天性和权力。但是，在现实生活中，由于人们的经济状况、观念意识的不同，以及面临着生存的问题，使不少人遇到种种忧虑和烦恼。英国大思想家伯特兰·罗素认为，人类不快乐，一部分根源于外部社会环境，一部分根源于个人。由于个人因素造成的不快乐，在相当程度上源于错误的世界观、伦理观和生活习惯，正是这些东西使无数人失去了生活中许多应有的快乐。

诺贝尔文学奖得主赫曼赫塞说："痛苦让你觉得苦恼，只是因为你惧怕它、责怪它；痛苦会紧追你不舍，是因为你想逃离它。所以，你不可逃避，不可责怪，不可惧怕。你自己知道，在心的深处完全知道——世界上只有一个魔术、一种力量和一个幸福，它就叫爱。因此，去爱痛苦吧。不要违逆痛苦，不要逃避痛苦，去品尝痛苦深处的甜美吧。"

我们应该坦然接受自己的情绪，如我们不必为想家感到羞耻，也不必因害怕感到不安，对触怒你的人生气也没什么不对。这些感觉与情绪都是自然的，应该允许它们适时适地存在，并释放出来。这远比压抑、否认有益得多，接纳自己内心的感受，才能谈及有效管理情绪。

当坏情绪来临时，尽量提醒自己，别让坏情绪影响自己，因为它于事无补，新鲜的环境对人总是有吸引力的。因此，在情绪不佳的情况下，可以尝试通过布置环境来达到创设良好心境的目的。有的人改变居室的布置，有的人听音乐，有的人养花种草，这些都是改变环境的有效措施,对情绪的调节有一定的帮助。可以找事情让自己忙碌起来,忙碌的生活可以让你忘记烦恼,还可以找自己喜欢干的事情,读读书,打打牌,来转移自己的注意力,平息心中的怒火。

你可以随心所欲地玩乐,发泄你的情绪,但是一定要知道如何停下来。因为,只有知道该如何停止的人,才知道该如何高速前进。

怎么样,找到属于你自己的方式了吗?对坏情绪宽容一点,让它也放松一下,它自然就不会再给你惹麻烦了。

## 跳出"小我"的世界

有时候,限制我们走向成功的,不是别人拴在我们身上的锁链,而是我们自己设置的牢笼;高度并非无法打破,只是我们无法超越自己思想的限制;没有人束缚我们,只是我们自己束缚了自己。跳出自我的小世界,我们会发现,世界如此之大。

那么,怎样才能做到跳出自我的小世界,以正面的情绪引导正确的行为呢?以下提供几种自我调适的方法。

### 自我调整

美国经营心理学家欧廉·尤里斯教授提出了能使人平心静气的三项法则:"首先降低声音,继而放慢语速,最后胸部挺直。"

### 闭口倾听

英国闻名的政治家、历史学家帕金森和英国知名的治理学家拉斯托姆吉,在合著的一书中谈道:"假如发生了争吵,切记免开尊口。先听听别人的，让别人把话说完，要尽量做到虚心诚恳，通情达理。靠争吵绝对难以赢得人心，立竿见影的办法是彼此交心。"愤怒情绪发生的特点在于短暂，"气头"过后，矛盾就较易解决。

### 理性升华

当冲突发生时，在内心估计一个后果，想一想自己的责任，将自己升华，使自己成为一个有理智、豁达大度的人，这样就一定能控制住自己的情绪，缓解紧张的气氛。

### 找朋友倾诉

当意识到自己情绪不好的时候，可以找自己最好的朋友或者最交心的同事，向他们诉说，因为他们往往能从客观的角度来看待问题，弄清楚问题的症结所在，找出解决的方法。

### 转移视线

在情绪不好的时候，可以看书，或者参加一些体育运动来转移注意力，也可以做有氧运动。

学会调适情绪是帮助自己更好地走出"小我"世界的方法。开拓成功的人际网络，从树立自我形象开始，你必须让自己充满自信、活力，使人乐于和你亲近。不论你多么有才华、有能力，没有他人的协助，也是不可能取得很大成就的。懂得调控自己的情绪，进而更好地开拓、协调自己的人际关系网络，才能开创美好的前途。

## 克服职场压力，化解不良情绪

在生活中，当我们受到情绪困扰而不愉快时，往往借埋头工作来逃避不悦的心境，却很少有人正视自己的真实感受，和自己做一下情感互动。我们总是很容易把生活的重点放在最终结果上，却很少体会过程带给我们的惊喜。

不要总是抛给自己消极的问题，诸如"你的工作很不开心吗""你的生活是不是糟糕透了""我还能改变什么呢"，等等。这些问题本身就是一种致命的压力，让你无法喘息。假如你能换一种方式来提问，比如："你需要从哪里入手找到更多的工作乐趣呢？""生活中的趣事太少了，怎样增加我的快乐感呢？""我是不是要向周围的人请教一下，自身有哪些地方需要改进？"

当这些问题出现在你的脑海中时，你就会发现这种要求为生活带来了很多迎合个性的快乐和乐趣。当然，其实快乐大多是来自我们生命本身和内心的，只要我们肯正视，什么问题都能解决。要记住，在这种快节奏的生活和工作中，我们更需要笑声、爱心、给予、分享、谈话、倾听、忠诚、美丽、和平，这些都是来自心灵的快乐。

我们每天都面临各种选择，我们可以用多种方法来做决定。可以把心灵放在第一位，为我们的工作和生活增添更多的善良、同情心、真诚、真实与爱心。我们也可以把个性放在第一位，让自己更加自我。但不管怎样，改善工作情绪就必须消除压力。

压力是在工作中最让人恐慌的事情之一。压力不是人或事造成的，而是由我们对待人和事的方式造成的。

张扬是某大型企业的销售经理。在公司，她是一位上进心极强的职业女性，工作业绩各方面都十分优秀，深得老板的赏识和器重，她也为此十分自豪并更加卖力地工作。但是近几个星期以来有一件事一直困扰着她，那就是早醒：她每天清早5点钟就会突然醒来，再也不能重新入睡，必须马上开始思考和处理工作上的问题才会稍微心安，但是由于睡眠不足，导致白天精神不佳，心理压力巨大。

压力是我们日常生活中不可避免的、十分重要的成分。克服压力的诀窍就在于学习如何从焦虑情绪中发现一些积极的东西，从而管理压力。如果你不能很好地管理压力，将会导致生理、感情或者动作紊乱。相反，如果你能恰当地管理压力，这些生理变化可以导致精神或身体状态的转变，在关键时刻可以帮助你。如何克服这些压力呢？

第一步，只有正确认识压力，你才能找到克服压力的突破口。

首先，要对压力有个正确的认识。认识到压力的本质是什么？认识到压力的必然性与必要性。尤其是不仅要认识到它的消极面，还要认识到它的积极面。著名心理学家罗伯尔说得好："压力如同一把刀，它可以为我们所用，也可以把我们割伤。那要看你握住的是刀刃还是刀柄。"

其次，正确评估自己、接受自己。不要过高地把自己定位于无所不能,也不要把自己看得一无是处。每个人都是有所能有所不能的,找到自己最擅长的那一点,并使之最大化,你就会因游刃有余而倍感轻松。永远保持一颗平常心,不要把目标定得高不可攀,凡事量力而行,随时调整目标也未必是弱者的表现。不要时时处处与别人比,尤其是不要拿自己的短处与别人的长处比。你可以分析一下你所有熟悉的人,他们一定有强于你的地方,但也一定有不如你之处,不要感到意外。

最后,认识环境、适应环境。我们正处在一个竞争激烈的现代社会,这是一个适者生存的世界。这个环境中肯定有许多不公平、不合理、不适应、不近人情之处,但对个体来说,这个环境又是不可更改的事实前提。我们只能入乡随俗,而不可能让风俗随我。如果我们对环境的埋怨能改变环境,那我们就一起去埋怨吧,埋怨可是件不费多大力气的事。可惜的是,埋怨不能改变环境,不能解决问题。

第二步,定位你的人生,体现自我价值。

意思就是说:你想要成为什么样的人?你的人生目标是什么?这些看似与具体压力无关的东西其实对我们的影响却是很大的,对很多压力的反思最后往往都要归结到这个方面。卡耐基说:"我非常相信,这是获得心理平静的最大秘密之一——要有正确的价值观念。而我也相信,只要我们能定出一种个人的标准来——就是和我们的生活比起来,什么样的事情才值得的标准,我们的忧虑有 50% 可以立刻消除。"

第三步,学会调整各种内外因素。

我们首先要做的是：改变外在压力因素。比如实在受不了就辞职，换一份适合自己的新工作。或者肯定地告诉老板给你压力不要过大，重新安排你的时间。外在的压力因素对人的影响是很大的，外在环境的调整和改变将使一些压力得到缓解。而其中的关键还是要发挥自己的主观能动性，积极地去适应或者有意识地改变。

其次，改变你的内在想法。不要把工作压力带回家，回家后拒绝工作，改变过于追求尽善尽美的想法，不要认为你得对别人的问题负责。更多的压力不在于外在的压迫，而更在于自己的一些不合理的想法，比如过高的不切实际的愿望。

最后，还要注意改变和调整你的身体状态。学会休息放松，适当运动和锻炼身体，正确的营养饮食习惯，充足的睡眠等。

第四步，压力不是你一个人的，要懂得与人沟通，懂得沟通的人，一般不会存在焦虑情绪。所以，我们平时要积极改善人际关系，特别是要加强与上司、同事及下属的沟通。一定要记住一点，压力过大时要寻求主管的协助，不要试图一个人就把所有压力承担下来，因为，这不仅是对我们自身负责，也是对工作负责。

第五步，理性反思，要清楚地知道压力对于你意味着什么。

理性反思，积极进行自我对话和反省。对于一个积极进取的人而言，面对压力时可以自问，"如果没做成又如何？"这样的想法并非找借口，而是一种有效疏解压力的方式。但如果本身个性较容易趋向于逃避，则应该要求自己以较积极的态度面对压力，告诉自己，适度的压力能够帮助自我成长。

第六步，管理好自己的时间，不要让你的安排左右你。

快节奏的工作和时间的紧张感往往是工作压力产生的重要因素。通常情况下我们总是觉得手上有忙不完的工作，这些工作又都十分紧迫，因此，我们总觉得时间不够用。如何解决这种难题呢？最有效的方法就是学会管理你的时间，不要让你的安排左右你，你要自己安排你的事。在进行时间安排时，你要懂得权衡各种事情的优先顺序，对工作要有前瞻能力，把重要但不一定紧急的事放到首位，防患于未然，如果总是在忙于救火，那将使我们的工作永远处于被动之中。

第七步，凡是抱着乐观的态度，开启你的积极情绪。

首先，懂得利用幽默使自己的情绪积极化。

工作是严肃的，但严肃不意味着刻板、死气沉沉。在工作中，有一些适当的、高品位的幽默可以化解冲突、可以活跃气氛、可以振奋精神、可以缓解压力。并且，它是低成本甚至是无成本的，我们没有任何理由排斥它。

其次，发挥积极自我暗示的力量。

我们要多对自己说一些："我行！我能胜任！我很坚强！我不惧怕压力！我喜欢挑战！"少对自己说一些："我不行！我太差了！我受不了了！我要崩溃了。"积极的自我暗示可以影响你的心态，进而影响你的行为及其行为结果。

最后，不要总是让明天的烦恼困扰你，要珍惜你现在所拥有的。

人性的一个共同弱点就是企盼得到自己没有得到的东西，而对自己所拥有的一切却不那么珍惜。只有在失去自己现在所拥有的东西时，才倍感它的珍贵与不可替代。

第八步，学会放松身心，你的情绪才会更健康。

以下是帮助你在日常生活中减轻压力的具体方法，简单方便，经常运用可以起到很好的效果：

1. 早睡早起。在你的家人醒来前一小时起床，做好一天的准备工作。

2. 同你的家人和同事共同分享工作的快乐。

3. 一天中要多休息，从而使头脑清醒，呼吸通畅。

4. 利用空闲时间锻炼身体。

5. 不要急切地、过多地表现自己。

压力不容小觑，如果我们稍不注意，就会让压力钻了空子，危害到我们的身心健康。压力的外在表现只是冰山一角，在一般情况下，压力的外在表现往往是一个人情绪状态等方面的综合反映，它的原因往往来自多个方面。了解自身压力产生的原因，并加以克服，如果你掌握了以上要领，就可以把压力拒之门外，享受轻松生活。

## 第三节　情绪规划人生，点亮梦想之灯

### 给情绪做加减乘除

近年来，世界各国的医学专家不断向人们发出警告，由心理压力引起的身心疾病已呈大幅上升趋势。这种状况应引起各界人士的关注，如何引导人们自我减压也势在必行。而专家的建议是：给你的生活做"加减乘除"。

**加法**

积极参加体育锻炼，拓展生活圈子。任何项目的体育活动都能使人感到惬意，但前提是不要运动量过大。另外，与其在家中使用健身器械，不如到公园散步，同朋友踢球或者登山、游泳；有意结交新朋友，接收新信息，开阔视野。

人生在世，总要追求一些东西，追求什么是人的自由，所谓人各有志，只要不违法，手段正当，不损害别人的利益，符合道德伦理，追求任何东西都是合理的。一个进步的社会应该鼓励个人用自己的双手，提升人生的价值和内涵，使人生物质世界和精神世界都更加富有和充实。加法人生的原则是提倡公平竞争，无论在物质财富上还是在精神财富上胜出者，都应给予鼓励。加法加的是什么？是你积极的、愉悦的、平和的情绪，它们可以让你的人生朝着积极的走向延伸。

减法

降低生活标准，接受别人帮助。对生活高标准、严要求的人不在少数，这些人应该学会适度放松；不要认为自己能够做好一切事情。如果遇到力不能及的事，最好能请别人帮忙。

人生是对立统一体。哲人说人生如车，其载重量有限，超负荷运行促使人生走向其反面。人的生命有限，而欲望无限。我们要学会辩证地看待人生，看待得失，用减法减去人生过重的负担。否则，负担太重，人生不堪重负，结果往往事与愿违。人生应有所为，有所不为。

减法减去的是什么？是消极的、有负荷的情绪，这样我们才能轻装上阵，打一场漂亮的人生仗。

乘法

给自己留一些时间，要学会多留些时间给自己。一个人如果总是不闲着，会使周围人的情绪也随之紧张。如果感到累了，一定要休息；即使不累，为了爱惜自己也不妨躺下来放松一会儿。

人生的成功与否，与个人努力有关，更与机遇有关。哲人说，人生的道路尽管很漫长，但要紧处就那么几步。对于人生而言，奋斗固然重要，但能否抓住机遇也是十分关键的。在人生的关键时刻，一次努力能抵得上平时几次、几十次的努力，一年的奋争能抵得上几年甚至十几年、几十年的奋斗。从这种意义上讲，在关键时刻把握住人生就实现了人生的乘法。

乘法是什么？是我们在面对压力和困难时必须具有的高涨情绪，把你的潜在能量发掘出来，以乘法将这份能量加以扩大。只有这样，在关键时刻，才会得到应有的回报，人生的光环随之而来。

**除法**

不要同时做好几件事，要把事情分开做。不要总想自己能够同时做好几件事。与其同时忙碌好几件事情，不如考虑如何提高效率，最好是把事情分成几部分来做。例如，今天整理浴室，明天给房间除尘，后天再擦窗户。心理学家认为，适度的家务劳动不仅不会使人感到疲劳，还会给人带来愉快感。

有人曾写下一个著名的幸福公式，幸福程度＝目标实现值÷目标期望值。也就是说，在目标实现值固定的前提下，目标期望值越高，幸福程度越低，而期望值越低，幸福程度越高。我们平时所说的"知足者常乐"也包含这种意思。

很多时候，人生不能寄期望值过高，树立理想是必要的，但树立的理想过于远大，超出了自己的自身能力和条件，那是十分有害的，容易造成人生的目标期望值和实现值反差太大，使人产生自卑情绪和失落情绪。

即刻开始，拿出纸和笔，把你的人生好好演练一遍，怎样加减,如何乘除,才能得到你想要的结果,那么,你就可以按照这套公式规划你的人生了。

## 情绪懈怠,用压力刺激

其实人每天都有可能产生很多的不愉快情绪。我们每天都有可能碰到和自己对着干的人,或者遇到我们看不顺眼的家伙,或者听到极不顺耳不中听的语言,或者遇到非常棘手的事和非常残酷的环境。这些不顺心的事情,总是能轻而易举地击中我们的坏情绪,它让我们焦躁不安,烦恼怨恨。于是,我们时常会这样想:要是这个人从周围消失就天下太平了,要是我们能离开那个残酷的环境就万事大吉了。可结果往往是事与愿违。你越讨厌的人就越容易在你面前出现,你越害怕的残酷环境和挫折就越容易光顾你。

不过反过来想一想,有压力或许并不是一件坏事情。正是因为挫折和残酷环境的存在,我们才有动力想做得更好,想要出人头地或出类拔萃,我们试图把那些不断袭来的挫折与逃之不离的残酷环境当作挖掘自身潜力的工具,并为此不断去努力、去拼搏,这样我们的意志和毅力就会不断增强,我们自己也会越来越强大。

1860年,林肯当选为美国总统。有一天,有位名叫巴恩的银行家到林肯的总统官邸拜访,正巧看见参议员萨蒙·蔡思从林肯的办公室走出来。于是,巴恩对林肯说:"如果您要组阁的话,千万不要将此人选入您的内阁。"

林肯奇怪地问:"为什么?"

巴恩说:"因为他是个自大成性的家伙,他甚至认为他比您伟大得多。"

林肯笑了:"哦,除了他以外,您还知道有谁认为自己比我伟大得多?"

"不知道,"巴恩答道,"不过,您为什么要这样问呢?"

林肯说:"因为我想把他们全部选入我的内阁。"

事实证明,巴恩的话是有道理的。蔡思果然是个狂态十足、极其自大,而且妒忌心极重的家伙。他狂热地追求最高领导权,本想入主白宫,不料落败于林肯,只好退而求其次,想当国务卿。林肯却任命了西华德,无奈,他只好坐第三把交椅——当了林肯政府的财政部长。为此,蔡思一直怀恨在心,激愤不已。不过,这个家伙确实是个大能人,在财政预算与宏观调控方面很有一套。林肯一直十分器重他,并通过各种手段尽量减少与他的冲突。

后来,目睹过蔡思种种行为,而且搜集了很多资料的《纽约时报》主编亨利·雷蒙顿拜访林肯时,特地告诉他蔡思正在狂热地上蹿下跳,谋求总统职位。林肯以他一贯以来特有的幽默对雷蒙顿说:"亨利,你不是在农村长大的吗?那你一定知道什么是马蝇了。有一次,我和我兄弟在肯塔基老家的农场里耕地。我吆马、他扶犁,偏偏那匹马很懒,老是磨洋工。但是,有一段时间它却在地里跑得飞快,我们差点都跟不上它。到了地头,我才发现,有一只很大的马蝇叮在它的身上,于是我把马蝇打落了。我的兄弟问我为什么要打掉它,我告诉他,不忍心让马被咬。我的兄弟却告诉我就是因为有那家伙,这匹马才跑得那么快。"然后,林肯意味深长地对雷蒙顿说:"现在正好有一只名叫'总统欲'的马蝇叮着蔡思先生,那么,只要它能使蔡思那个部门不停地跑,我还不想打落它。"

在任何时候都不要惧怕压力,适当的压力只会让你更好地发挥你自己的能力,竞争会检验你的表现,遇到压力最简单的解决办法就是:勇敢迎接它,它会唤醒你更好的一面。如果每天都给自己一点压力,你就会感觉到自己的重要性。

所以在压力与动力面前,就看我们如何选择了。我们是压制自我情绪选择被迫去做,还是以乐观积极的情绪去面对。这两种情绪都始于一种义务的层面,但后者会得到更积极的生活体验,所做出的效果和成绩都是事半功倍的;如果是采取消极悲观的情绪去面对,你不但每天心情不愉快,生活不幸福,办事效率降低而且容易出差错,加之人际关系紧张,身体状况亦可能欠佳。

给自己找一个对手刺激你的积极情绪,将压力转化为积极进取的动力,能使人挑战自我,挖掘潜力,激起创造性。只有意志消沉、精神颓废、闭目塞听者,面对压力的时候才无法将此转化为奋起直追的动力。

## 控制好情绪,才能赚足人气

在现实生活中,只要你时时超越自我情绪的困惑,你就能保持轻松愉快的心境,你的面孔也会因此而涌起幸福的微笑,并感染他人，而且他人的微笑又会反过来强化你的愉悦和微笑，形成你与他人之间人际关系的良性循环。这无疑会极大地促进你优美的个性和完美的形象，使你赢得更多人的支持和喜欢。

无论是生活中还是工作中，如果一个人对你满面冰霜、横眉冷对，另一个人对你面带笑容，温暖如春，他们同时向你请教一个工作上的问题，你更欢迎哪一个？当然是后者。一个真诚的人，他总是微笑地对待每一个人、每一件事。

一个人的面部表情亲切、温和、充满喜气，远比他穿着一套高档、华丽的衣服更容易吸引人注意，也更受人欢迎。

有一位有名的公司总裁大卫·史汀生几乎具备了成功男人应该具备的所有优点——他有明确的人生目标，有不断克服困难、超越自己和别人的毅力与信心；他大步流星、雷厉风行、办事干脆利索、从不拖沓；他的嗓音深沉圆润，讲话切中要害；他总是显得雄心勃勃，富于朝气；他对于生活的认真与投入是有口皆碑的，而且，他对同事也很真诚，讲求公平对待，每一个与之交往的人都乐意与之深交。

但初次见到他的人却对他少有好感。这令熟知他的人大为吃惊。为什么呢？因为他的脸上，一般少有微笑。

如果一个人他深沉严峻的脸上永远是炯炯的目光，紧闭的嘴唇和紧咬的牙关，即使在轻松的社交场合也是如此，那么，即使他在舞池中优美的舞姿几乎令所有的女士动心，但却很少有人同他跳舞。公司的女员工见了他更是畏如虎豹，男员工对他的支持与认同也不是很多。由此可知，没有微笑使他成了一个令人畏惧的人，一个不受欢迎的人，没有微笑就没有生机。

微笑是一种宽容、一种接纳，它缩短了彼此间的距离，使人与人之间心心相通。喜欢微笑着面对他人的人，往往更容易走入对方的天地。难怪学者们强调："微笑是成功者的先锋。"

有一位性格抑郁沉闷、心情沮丧的学生，毕业后被分在幼儿园。当她面对天真可爱的孩子们时，又不得不强颜欢笑给他们上课。一天天过去了，令人惊奇的是她竟变成了活泼愉快并能发自内心微笑的姑娘。舒心的微笑使她振作起来了。

一个因偷窃寝室同学饭票的女学生被叫到了老师面前。老师面对这位红着脸低着头的学生，微笑着注视了良久后，只轻轻地说了一句话："还是由你自己说吧！"学生立即哭了，并彻底承认了错误。试想，假若这位老师大动肝火，结果又会怎样？在这里，微笑既是对对方的宽容和理解，也是对对方的启发和诱导，更是对对方含蓄的指责和批评。

微笑是表达真诚、表达善意的高难度社交技巧之一，是一种文明的表现，它显示出一种力量、涵养和暗示。法国作家阿诺·葛拉索说："笑是没有副作用的镇静剂。"在工作或生活中，我们总会遇到形形色色的人，有爱发脾气者，有刻薄挑剔者，有出言不逊、咄咄逼人者，也有与你存有隔阂芥蒂之人，对付这些"难对付之人"，含蓄的微笑往往比口若悬河更可贵。面对别人的胡搅蛮缠、粗暴无礼，只要你微笑冷静，你就能稳控局面，用微笑减缓对方的刺激，以微笑化解对方的攻势，从而以静制动，以柔克刚，摆脱窘境。

一个中年领导干部说:"自从我开始坚持对同事微笑之后,起初大家非常惊讶,后来就是欣喜、赞许。两个月来,我得到的快乐比过去一年中得到的还要多。现在,我已养成了微笑的习惯,而且我发现人人都对我微笑。过去冷若冰霜的人,现在也热情友好起来。上周单位搞民主评议,我几乎获得了全票,这是我参加工作这么多年来从未有过的大喜事!"

有着微笑面孔的人,一定是一个真诚的人,总会有希望。因为一个人的笑容就是他好意的信使,他的笑容可以照亮所有看到他的人。没有人喜欢帮助那些整天皱着眉头、愁容满面的人,更不会信任他们。而对于那些受到上司、同事、客户或家庭的压力的人,一个笑容就能让他们觉得一切都是有希望的,世界是有欢乐的。

当客人来访或是你走入一个陌生的环境,由于陌生或羞涩,往往会端坐不语或拘谨不安。此时,你若微笑,就能使紧张的神经松弛,消除彼此间的戒备心理和陌生感,相互产生良好的信任感和亲近感。记住:要使他人微笑,你自己先得微笑。

微笑是一个有涵养的人起码的素质,是对他人一种和蔼友善的表示。它既能反映出你控制和表现自己情绪的能力,也能显示出你主动热情、坦率大方的个性。当你不慎得罪了你的朋友和同事,当你无意冒犯了你的上司和长辈,你很想向他们解释道歉,却又碍于颜面难以启齿时,只要你主动真诚地对他们报以微笑,一切矛盾就可迎刃而解。从现在开始,用真诚的微笑去面对你遇见的每个人、每件事,你会发现,你的视野突然变宽了,你的人生突然变得更开阔了,而你的工作也将更加得心应手了。

图书在版编目（CIP）数据

管好情绪，你就管好了整个世界/庞丽娟著.—北京：中国华侨出版社，2019.11（2024.3 重印）
ISBN 978-7-5113-8049-4

Ⅰ.①管… Ⅱ.①庞… Ⅲ.①情绪－自我控制－通俗读物 Ⅳ.① B842.6-49

中国版本图书馆 CIP 数据核字（2019）第 191641 号

## 管好情绪，你就管好了整个世界

| 著　　者： | 庞丽娟 |
|---|---|
| 责任编辑： | 唐崇杰 |
| 封面设计： | 冬　凡 |
| 美术编辑： | 张　诚 |
| 经　　销： | 新华书店 |
| 开　　本： | 880mm×1230mm　1/32 开　印张：6　字数：123 千字 |
| 印　　刷： | 三河市京兰印务有限公司 |
| 版　　次： | 2020 年 2 月第 1 版 |
| 印　　次： | 2024 年 3 月第 4 次印刷 |
| 书　　号： | ISBN 978-7-5113-8049-4 |
| 定　　价： | 35.00 元 |

中国华侨出版社　北京市朝阳区西坝河东里 77 号楼底商 5 号　邮编：100028
发行部：（010）88893001　　　传　真：（010）62707370

如果发现印装质量问题，影响阅读，请与印刷厂联系调换。